导弹毁伤效果评估方法

汪民乐　康中启　朱亚红　王兆强　著

西北工业大学出版社

西　安

【内容简介】 本书以现代作战效能评估理论和军事建模方法为基础，依据导弹武器系统战术、技术指标和导弹毁伤效果分析的总体要求，对导弹毁伤效果评估方法进行了深入研究。

本书的主要读者对象为导弹研制部门中从事导弹武器毁伤效果分析与论证的人员、作战部队中从事导弹打击规划决策的人员，以及从事与导弹武器毁伤效果分析相关工作的其他人员。

图书在版编目(CIP)数据

导弹毁伤效果评估方法 / 汪民乐等著. — 西安：西北工业大学出版社，2023.11

ISBN 978-7-5612-9055-2

Ⅰ. ①导… Ⅱ. ①汪… Ⅲ. ①导弹-武器效能-研究 Ⅳ. ①E927

中国国家版本馆 CIP 数据核字(2023)第 199277 号

DAODAN HUISHANG XIAOGUO PINGGU FANGFA

导 弹 毁 伤 效 果 评 估 方 法

汪民乐　康中启　朱亚红　王兆强　著

责任编辑：朱晓娟　　策划编辑：雷　鹏

责任校对：曹　江　　装帧设计：李　飞

出版发行：西北工业大学出版社

通信地址：西安市友谊西路 127 号　　邮编：710072

电　　话：(029)88491757，88493844

网　　址：www.nwpup.com

印 刷 者：西安五星印刷有限公司

开　　本：710 mm×1 000 mm　　1/16

印　　张：12.25

字　　数：240 千字

版　　次：2023 年 11 月第 1 版　　2023 年 11 月第 1 次印刷

书　　号：ISBN 978-7-5612-9055-2

定　　价：68.00 元

前　　言

战争中要准确查明打击效果，适时做出毁伤效果评估，及时组织后续打击，这是作战指挥必须始终关注的重要问题。在首次打击之中和打击之后，需要利用多种侦察手段和渠道，适时、准确地查明打击的实际效果、敌方目标的变化及修复情况，不断修正之后的打击目标、打击方法和打击重点，并组织作战力量迅速做好再次打击的准备。及时、准确地进行打击效果评估，不仅能够为战役指挥员调整火力行动的决心，正确决策和指挥提供可靠依据，而且能够最大限度地优化火力，提高战役资源的利用效率，避免贻误战机或造成战役资源浪费。

基于作战指挥中决策支持的需求，打击效果评估系统已经成为现代信息化和智能化战争的重要作战辅助决策工具，而毁伤评估是打击效果评估系统的核心功能，其本质是对目标的功能毁伤评估。目前在导弹打击效果评估中，对目标的毁伤评估主要集中在物理毁伤评估方面，而功能毁伤评估技术还没有取得较大突破。本书基于导弹打击效果评估系统建设的需要，对包括物理毁伤评估和功能毁伤评估在内的导弹毁伤效果评估技术和方法进行系统研究。主要内容包括以下三个部分：

(1)基于战场感知的导弹毁伤效果评估基本理论。对导弹毁伤效果评估的基本概念、研究现状等进行综合阐述，对信息化条件下的导弹毁伤效果评估流程进行详细描述；分析战斗部的种类和毁伤机理，对导弹毁伤效果评估中涉及的目标损伤分析方法、毁伤指标选取方法，以及毁伤评估的一般方法做探讨性研究，对导弹毁伤效果评估系统进行总体描述；对导弹毁伤目标进行分类和定义，针对一般目标、系统目标和心理目标，分别确立导弹毁伤效果评估指标，并给出相应的毁伤效果指标分析计算方法。

(2)基于多源毁伤信息融合的导弹毁伤效果评估方法。对导弹毁伤效果评估中的多源毁伤信息融合进行概念描述；针对毁伤信息融合的三个层次，分析多源毁伤信息特征层融合的基本步骤，给出常用的多源毁伤图像信息特征层融合方法；分析毁伤图像信息特征提取的一般步骤，采用基于 Canny 算子的边缘特征提取算法，针对毁伤图像信息的几何线状特征，提出一种基于轮廓分析的目标毁伤特征提取方法；采用多分辨率阈值选取方法，对多源目标毁伤图像进行分割，求取重点目标区域的不变矩特征，形成基于图像区域不变矩的多源目标毁伤图像特征关联算法；建立基于BP（反向传播）神经网络的多源目标毁伤信息特征层融合系统，并对多源桥梁毁伤信息进行BP神经网络特征层融合，给出毁伤图像特征融合结果。

（3）导弹毁伤效果评估方法的应用。分析桥梁目标在遥感信息中的表现特征和桥梁的基本结构；引用三种梁部结构的典型毁伤模式，提出桥梁目标毁伤指标及其计算方法，建立基于模板匹配原理的导弹对桥梁目标毁伤效果评估模型，并通过应用实例详细说明基于模板匹配方法的桥梁目标毁伤效果的评估过程；分析楼房建筑目标在遥感信息中的表现特征和楼房建筑的结构，以此为基础定性地分析楼房建筑目标的毁伤模式，应用贝叶斯网络建立楼房建筑功能毁伤等级的评估模型，并通过应用实例说明基于贝叶斯网络的楼房建筑毁伤效果的评估过程；基于打击后机场目标的遥感图像，通过分析弹坑的灰度、形状、大小等特征，建立弹坑模型，然后利用图像处理和模式识别等方法进行弹坑识别，在此基础上，运用模糊理论建立机场目标功能毁伤程度的评估计算模型，实现机场目标毁伤效果评估。

本书由汪民乐提出立题，设计全书总体框架和编写纲目，并由汪民乐负责对全书进行修改与统稿，汪民乐、康中启、朱亚红、王兆强共同撰写。本书的出版受到军队“重点院校和重点学科”建设工程的资助，并得到火箭军工程大学基础部领导和同事的大力支持与帮助，在此一并致谢！

在写作本书的过程中，参阅了相关文献资料，在此谨对其作者表示感谢。

由于水平有限，书中的疏漏之处在所难免，恳请广大读者批评指正！

著　者

2023年8月

目　　录

第一篇　基于战场感知的导弹毁伤效果评估基本理论

第二篇　基于多源毁伤信息融合的导弹毁伤效果评估方法

第三篇　导弹毁伤效果评估方法的应用

第一篇　基于战场感知的导弹毁伤效果评估基本理论

第 1 章　导弹毁伤效果评估概述

1.1 引　　言

导弹毁伤效果评估是指在对战场目标实施导弹打击之后，对目标的毁伤情况进行查明和判定的过程。它是一项复杂而系统的工作，是现代信息化条件下导弹作战的重要问题，也是一体化作战指挥的难点问题。信息化条件下导弹毁伤效果评估的基本任务是：充分运用现代信息技术和手段，通过对目标毁伤信息的获取、处理与分析，及时、准确地评估目标遭受打击后的毁伤程度，判断是否达成预期毁伤目的，为指挥决策人员下一步决策行动提供依据。这是实现从目标选择到火力打击一体化的重要问题，不单纯是对毁伤效果的评估，同时也是对目标选择与决策两个行动过程的实践评估，影响着指挥员的决策行为。美军在近几场局部战争中综合使用多种信息化手段对毁伤效果进行评估，在每一次空中打击之后，都能够对所获取的目标毁伤信息进行近实时处理，极大地提高了毁伤效果评估的反应速度与准确性。与美军相比，由于受到评估手段和技术的限制，我军的信息化条件下毁伤效果评估工作仍处在需进一步发展的阶段。尤其是导弹毁伤效果评估，由于打击距离为远程甚至超远程，目标毁伤信息获取问题曾经成为制约导弹毁伤效果评估的瓶颈。随着目标侦察手段的改进，目标毁伤信息获取问题正逐步得到解决，但在合理运用目标毁伤信息准确评估目标毁伤效果方面还存在明显不足。因此，必须加强毁伤效果评估理论与技术的研究，在现阶段尤其要加强人-机结合的目标毁伤信息处理技术的研究，为实现导弹毁伤效果的自动化评估打下基础。

毁伤效果评估实质上是对目标的毁伤评估，包括对人员、人工建筑和武器等所有对战争起促进作用的目标的毁伤评估。适时、准确的毁伤效果评估对决策后续战役行动、加速战役进程、节约战争成本具有十分重要的作用，对打赢“非接触式”和“外科手术式”的战争至关重要。战争中，要准确查明毁伤效果，适时做出效果评估，及时组织后续打击，这是作战指挥员必须始终关注的重要问题。在首次打击之中和打击之后，需要利用多种侦察手段和渠道，适时、准确地查明打击的实际效果、敌方兵力部署的变化及修复情况，不断修正之后的打击目标、打击方法和打击重点，并组织力量迅速做好再次打击的准备。接下来的再次攻击应充分利用首次打击的效果,尽量缩短与首次打击的时间间隔,在敌尚未恢复之前,迅速组织实施,以保持和扩大联合火力打击的效果。再次打击:通常应重点对已遭到一定程度毁伤的主要目标实施连续打击,以求彻底摧毁或长时间压制;在主要目标被摧毁的情况下,再根据战场情况的发展变化,依据作战任务和作战重心,恰当地控制后续火力打击的节奏,直至达成预期目的。总之,及时、准确地进行毁伤效果评估,不仅能够为战役指挥员调整火力行动的决心,正确决策、指挥提供可靠依据,而且能够最大限度地优化火力,提高战役资源的利用效率,避免贻误战机或造成战役资源浪费。

毁伤效果评估研究的最终目的是建立毁伤效果评估系统。从20世纪90年代的海湾战争到21世纪初的伊拉克战争的几次局部战争显示了现代战争的雏形:现代高技术和信息化战争朝着"非接触""精确打击""非对称"和"全域打击"等方向发展。美国在战争中表现出来的战争艺术和军事技术都影响着全世界军事理论的发展,而毁伤效果评估系统就是现代高技术和信息化战争下的产物。建立毁伤效果评估系统是一个庞大的系统工程,需要多学科长期的集体努力才能完成。毁伤效果评估所需信息主要有两大类:一是毁伤效果评估的依据和准则,二是满足评估的侦察信息。两者较好地结合,才能形成符合需求的毁伤效果评估。但是,在建立系统之前应该解决毁伤效果评估系统中的关键技术,即毁伤评估理论方法和相关技术问题,其中毁伤评估理论方法是毁伤效果评估系统的基础性工作,也是建立实用毁伤效果评估系统前必须着重解决的问题之一。

1.2 国内外研究现状

1.2.1 国外研究现状

通过20世纪90年代以来发生的几场局部战争不难发现,军事大国特别是美国在战场监视、毁伤效果评估等方面的做法上,多是利用卫星和航空平台获取战场信息。特别是高精度实时卫星侦察图像和数据,已成为战时侦察情报的主要来源和评估目标特性与毁伤的重要依据。随着卫星应用技术以及计算机技术的迅猛发展,利用空间侦察手段进行毁伤效果评估将成为最主要的评估手段。在20世纪90年代以来的几场局部战争中美军都综合使用了多种手段来对打击的效果进行评估。在每一次空中打击之后,美军都利用侦察卫星、各型战略战术侦察机、地面战术侦察部队和谍报人员对打击目标进行详细侦察,并及时对侦察卫星和侦察机拍摄的目标毁伤照和图像进行处理。这种综合、全面的评估系统,特别是航天侦察的利用,极大地提高了打击的有效性和反应速度。

空中侦察板块的发展水平是与硬件发展水平相对应的，主要包括侦察卫星发展水平和侦察飞机发展水平。侦察卫星是军用遥感卫星中数量最多、应用最广泛的一类卫星，主要包括电子侦察卫星、海洋监视卫星、成像侦察卫星和预警卫星等。当今美国毁伤效果评估系统用到的侦察卫星主要是成像卫星——光学成像卫星和雷达成像卫星。美国从1959年开始研制成像侦察卫星，至今已发展到第六代。目前美国主要使用两类成像卫星：一是第五代光学成像卫星锁眼-11(KH-11)，该卫星于1976年首次发射，采用近极地太阳同步轨道；二是第六代光学成像卫星锁眼-12(KH-12)，该卫星于1989年8月首次发射。第六代光学成像卫星载有先进的光电遥感器。该代卫星继承了前几代卫星的优点：既能普查，又能详查；既可在白天进行可见光照相，又能在夜间进行红外照相；既能进行成像侦察，又能进行电子侦察。其地面分辨率达到0.1 m。其红外成像能力也有较大提高，可发现地面伪装物，如飞机发动机和大烟囱等热源，还能在光线不足或完全黑暗的条件下拍摄地面目标。目前美国的雷达成像侦察卫星以“长曲棍球”为代表，首颗卫星于1989年12月由航天飞机送入轨道，至今有4颗卫星在轨工作。卫星上的高分辨率合成孔径雷达能够实现全天候、全天时对地成像侦察。航空侦察飞机获得的情报信息的可靠性主要依赖于各种机载侦察设备的性能。这些侦察设备一般包括照相侦察设备、红外侦察系统和侦察雷达等。为了保证所获得信息情报的高可靠性，必须提高机载侦察系统的反伪装、反隐蔽、反欺骗的能力。在航空侦察平台方面，北大西洋公约组织(简称北约)使用了高空侦察机(如U-2)、电子侦察机(如RC-135)、“食肉动物”无人侦察机、“猎人”无人侦察机以及多种战术侦察机，它们分别携带有各种光学照相机、摄像机、红外相机、合成孔径雷达等。其中，U-2的最新型号为U-2S，升限已达25 000 m，续航时间长，装有高分辨率的光学照相机以及其他电子侦察设备。

在获得目标的毁伤信息情报后，还必须做好信息的安全传输。随着传感器、通信技术、网络技术的日益发达，现在美国航空侦察已经实现了近实时性，这对航空侦察移动目标很有效。美国利用数字数据进行影像增强和数据压缩相机的输出，可以近实时地直接从空中的飞机传送给地面部队，在战场上搭建了信息收集网络，使侦察机一刻不停地把各种情报数据传输给情报处理中心。情报处理中心将大量信息融合处理后，再把这些情报信息和图像画面实时地显示给作战指挥人员(供其参考以做出战斗决策)，并把情报从战区司令部以数字的形式传输给己方的基本作战单位，从而实现战场信息共享，进而把握战场主动权。在阿富汗战争中，美军就实现了信息系统与作战系统的高度一体化，实现了信息获取系统和空中打击系统的信息近实时传输，即所谓的被发现即摧毁。有这样一组数据，美军从发现敏感目标到实施精确打击的时间，即完成“发现—定位—瞄准—攻击—评估”这样一个“打击链条”所需的时间，从海湾战争到科索沃战争，再到阿富汗战争，一直到伊拉克战争，越来越短。这说明，信息的实时化传输是未来战争发展的必然趋势。

美国在20世纪60年代是采用判图员人工判别的方法判别从各个方面获得的图像的，由于所采用的传感器不同，往往一个目标在不同传感器成像下出现不同特征，因此对判图员的训练是一个长期的过程。一个优秀的卫星图片判图员往往需要几年的时间培训，并且每天判图数目很小。科索沃战争后，华盛顿战略与国际问题研究中心在总结航空兵与导弹战役的经验教训时指出：“毁伤效果评估能力不佳，导致很高的重复打击次数，这削弱了空战的有效性。据统计，平均每天至少有40次重复打击，战争快结束时达到顶峰，空袭第86天时重复打击达近160次。”为了提高毁伤效果的评估质量，美国已将“实时战场毁伤效果评估”作为优先发展项目，并由美国海军、陆军、空军，美国国家侦察办公室，美国国家图像测绘局，美国中央情报局及美国国家安全局建立了一套严密的联合工作程序，确保毁伤效果评估环节的畅通。同时，还由美国国家侦察办公室、美国空军及美国国家图像测绘局联合开发了“快速目标指示系统”，它可与空中突击同步进行毁伤效果评估。

现在，美国采用机器判图与人工判图结合的方法，往往在军事打击后几个小时以内就可以判断出军事打击的效果，效率提高了很多。在伊拉克战争中美军在庞大的情报系统支持下，确保了打击及时、准确，夜间攻击、白天评估的作战模式更趋完善，对卫星侦察图像信息的传输及应用也更加成熟。卫星侦察图像是中央司令部了解战争态势与发展的主要手段，毁伤效果评估工作也是历次战争中做得最好的，每天都能通过卫星图像来评估双方进展情况，并及时向新闻媒体公布最新战果。评估的准确率达到85%以上，这说明毁伤效果评估这一作战环节已比较完善。据美国官方网站上的消息，美国国防部高级研究计划署(DARPA)负责的一个名为“实时毁伤效果评估”的项目将研发新的技术，以从雷达获取的图像中实现对机动目标的毁伤效果自动评估。他们将努力使作战指挥员能更加及时、准确地对打击结果进行评估，尤其是对机动目标。设此项目的另一个特别目的是实现战时目标摧毁可能性的评估，以决定是立即进行后续攻击还是就此停住，以免浪费武器。由于大规模作战中，靠判图员分析战场照片往往都会有时间上的滞后，这就导致执行战斗任务时没办法根据实时的毁伤效果对攻击力量进行最佳分配，所以建立一个自动评估系统十分必要。

从1992年的海湾战争后，毁伤效果评估越来越受重视，已发展成为当今世界一个方兴未艾的研究领域。譬如2002年底和2003年初，在短短的两个多月的时间内，有两场关于毁伤效果评估的国际性会议分别在加拿大和英国召开。

参加会议的有国家政府官员、军方代表、图像领域专家、工程界人士，他们在与毁伤效果评估相关的诸多方面进行了深入探讨。

从海湾战争到伊拉克战争的几场局部战争都表明，空间侦察的重要作用已毋庸置疑，从平时或战前准备阶段对目标的侦察，到战时毁伤效果评估，均需要侦察信息的有力支持。美国的侦察、监视、预警、通信和导航定位系统虽然尚未形成互联互通的天基综合信息网，但是最近 10 年中它们各自的性能和能力已经得到较大改进和加强，并正在从为战略用户服务转向为战略、战区和战术三方面用户服务，从而使卫星在未来战争中的作用和地位得到进一步加强。美军在改进现有军用卫星系统的同时，正在加紧研制、构造新一代军用航天体系，包括导弹预警系统、侦察监视系统、军用全球广播系统和通信系统等。其目的是建立以适应战术应用为主的新型军事航天体系，并提出了开发卫星信息网的新概念。

美国为确保其航天军事大国地位，全力支持美参联会提出的联合作战设想，实现“主宰机动、精确交战、信息优势”等作战目标，达到“全面主宰”作战目标，在“美国航天司令部 2020 年设想”中提出了“控制空间、全球交战、全面力量集成和全球合作”等作战理念，2020 年 100％满足实时作战效果评估。

1.2.2　国内研究现状

1. 毁伤评估系统建设方面

国内对毁伤效果评估系统的研究，由于受侦察装备的限制，因此起步比较晚。特别是现代信息化和智能化战争中毁伤效果评估系统的研究，各军兵种均处于发展的初步阶段，主要的研究机构有军兵种院校和研究机构，还有华中科技大学和南京理工大学等高校，目前已经取得了一些研究成果。他们对毁伤效果评估系统的总体技术做了初步的探讨，建立了毁伤效果的总体框架，提出了毁伤评估需要突破的关键技术；在研究毁伤效果侦察与评估的流程与框架的基础上，进一步探讨了具体目标的毁伤评估方法。华中科技大学建立了基于图像分析的机场毁伤效果评估系统和桥梁毁伤效果评估系统，尽管其并未建立实用的系统，但是在建立系统框架和利用图像处理技术自动处理图像等方面取得了一定的进展。南京理工大学也对机场、桥梁、建筑物等典型目标建立了毁伤识别及评估系统，在系统框架建设、图像处理和毁伤区域信息提取等方面有一定的成果。

2. 图像处理技术方面

在图像处理方面取得了许多成果，其中目标识别是国内对遥感图像研究的重点，也取得了很大的成果。目前，已研究出了针对遥感图像特定目标的自动识别系统，该系统采用了基于直线特征的建模方法和图像与模型的匹配算法，在建模过程中使用手工选择目标边界和轮廓；在可见光图像理解方面取得了较大的研究成果,并在遥感图像处理、信息融合等方面取得了显著的进展;研究出了能够辅助遥感图像解译人员检测机场的系统,能够在图像解译人员的干预下有效地检测出机场的存在并确定其存在的区域;对远距离侧拍桥梁进行了识别研究,将识别过程分成低、中、高三个处理层次,低层处理后得到一些团块基元以及相应的边沿曲线,中层处理中使用了传统 Hough 变换对已经获得的边沿线进行线条(直线)检测,高层处理时使用既有的桥梁知识建立模型与检测出的直线进行匹配验证。

3. 毁伤评估技术方面

毁伤识别的工作也在全国各个科研院校的努力下进展迅速。突出的代表是:南京理工大学对机场、桥梁、港口、建筑物和油库等重要的军事目标进行了毁伤识别,建立了对各类目标能自动毁伤识别的系统;华中科技大学图像识别与人工智能研究所在红外图像识别方面取得了大量的研究成果,在微波成像、目标微波特性研究方面也有很大的进展,对机场与桥梁的自动评估技术都做了研究,并取得了很大的成果。

尽管国内在毁伤效果评估研究方面做了大量工作,但是主要工作还是集中在目标识别和毁伤区域提取方面,并没有建立实用的导弹毁伤效果评估系统。在导弹毁伤效果评估系统中,有许多的关键技术有待攻关,特别是基于遥感信息的毁伤效果评估方法和针对具体目标的毁伤效果评估方法还有待探索。

1.3 几场典型战争中美军的毁伤效果评估

1.3.1 美军毁伤效果评估的概念

对于战场毁伤效果评估,在《美国空军情报手册》中有明确的描述:作战评估就是在作战指南的限定范围内,把某个行动的结果和它要完成的目标相比较,以此来评估任务是否成功完成。它回答的问题是:“任务完成得怎么样? 我们下一步要干什么?”作战评估有三个主要分支:作战毁伤评估、弹药效能评估和任务评估。

1. 作战毁伤评估

作战毁伤评估是指对运用军事力量给预先确定的目标造成的毁伤所做的及时、准确的评估。作战毁伤评估主要是由情报部门负责,并由作战部门协助提供所需的输入信息。作战毁伤评估是由物理毁伤评估、功能毁伤评估和目标系统评估构成的。作战毁伤评估是研究对目标所造成的毁伤程度,对是否需要进行再次打击提出建议。由此可见,美军的作战毁伤评估就是通常所说的毁伤效果评估。

作战毁伤评估(毁伤效果评估)要回答以下问题:

1)打击是否按计划对目标构成了影响?

2)是否击中目标?是否达到了预期效果?

3)敌方要耗费多长时间才能完成对受损要素的修理和使其重新发挥作用?

4)敌方是否愿意或能够对其实际受损要素进行替换?

5)再次攻击对增加额外毁伤、延迟敌军修复工作是否必要?

6)在攻击目标没有顺利完成的情况下,再次攻击是否必要?

7)对目标系统整体或其他目标系统有什么间接影响?

(1)物理毁伤评估

物理毁伤评估是对目标物理毁伤的评估,它是建立在对目标影像判读基础上的。在对目标实施攻击后,首先要做物理毁伤评估,把原目标同物理毁伤相比较,就能立即找出兵力(或武器)运用中的问题。

(2)功能毁伤评估

所谓功能毁伤评估是估测被打击目标的残余功能和作战能力。功能毁伤评估是从物理毁伤评估和目标恢复到正常状态所需要的时间来推断的。

(3)目标系统评估

目标系统评估是评估兵力运用对敌目标系统的全面影响。

2. 弹药效能评估

弹药效能评估的作用是为装备部门和作战部门提供分析弹药毁伤机制和投射参数的依据。弹药效能评估要回答以下问题:

1)武器运用中存在何种问题?

2)实际投射参数与预期的相似吗?

3)对发展新武器能力和技术有何建议?

在战时,绝不能忽视投射参数的收集,这将对武器装备和战术的发展起到很大作用。

3. 任务评估

任务评估是对任务完成情况进行评估。它需要考虑的因素包括敌方供给的速度和资源的消耗、机动的能力、储备的使用情况、抗冲击的能力、备件的可用性、重建或恢复的时间和代价,以及防御情况等。任务评估要回答以下问题:

1)完成分配的作战任务是否达到了预期意图?

2)作战目标是否需要修改?

3)武力投入在该作战阶段是否需要更改?

4)是否存在非预想的作战结果?(打击是否造成额外毁伤或不希望的间接

毁伤?)

在对目标打击的整个流程中,毁伤效果评估作为一轮打击(或作战)的最后一个环节,将为重新开始的下一轮目标打击提供基础输入信息,包括接下来的目标确定、武器选择、兵力运用、兵力实施和毁伤效果评估。毁伤效果评估必须由目标工作人员、作战人员、工程人员和情况分析人员共同完成。毁伤效果评估报告对作战决策者是至关重要的。

1.3.2 海湾战争中美军的毁伤效果的评估

海湾战争中,美军动用了侦察卫星28颗,各种侦察机150多架,共出动了3 236架次侦察飞行,平均每天75架次,获取了大量的目标图像,但由于没有相应的数据管理软件来处理大量的图像和数据信息,因此系统效率较低。海湾战争中的作战毁伤评估,总体上被批评为太慢和不足。美国中央总部及其下属司令部在其所有的条例和作战计划中都没有设立毁伤效果评估的情报收集及分发机构,这些机构是战争开始后匆忙组建的,情报支援、收集和分发关系也不明确。结果是作战计划部门不知道从哪里、以哪种方式获得所需要的毁伤效果评估结果,多数情况下是从非正式渠道获取情报,自己进行评估。这就意味着,当情报部门对某一目标进行毁伤效果评估时,作战计划部门也在进行相同的工作,甚至已经根据未加印证的材料做出了评估,并应用于后续空袭计划的拟制中而导致失误。从战后核查情况看,海湾战争中毁伤效果评估的准确率只有20%。美军在战后总结中写道:“缺少一个经过实验的、充分协调的毁伤效果侦察与评估系统,来支持中央总部,是这次战争存在的一个重要问题。”

美军认为,战损评估是项复杂而困难的工作,准确的效果评估需要多种情报相互印证,要完成空间侦察系统对毁伤效果的评估任务,还需进行研究和发展,一种有效的操作制度仍有待建立。

1.3.3 科索沃战争中美军的毁伤效果的评估

毁伤效果侦察与评估引起了美军的高度重视,但从总体上看,这个问题仍是制约美军作战能力有效发挥的瓶颈。科索沃战争的实践表明,这个问题仍未得到很好的解决,很多情况下,毁伤效果不是被缩小了就是被夸大了。特别是对单个地面武器的毁伤效果评估仍与海湾战争一样,存在很大的不确定性。从战后核查情况看,毁伤效果评估的准确率只有40%。由于没有可信的毁伤效果评估,作战计划部门只好保守地认为所打击的目标仍具有其原有的功能,从而导致了不必要的重复打击,不仅浪费了弹药,还影响了对其他目标的打击,制约了作战能力的充分发挥。

情报传递关系不明确，协调机制不顺畅，造成了海湾战争中毁伤效果侦察与评估工作的混乱。在科索沃战争中，这种情况已有明显好转。情报支援、收集和分发关系也比海湾战争时更加明确，设立了毁伤效果评估的情报收集及分发机构。但是，战区部队仍难以协调一致地运用国家级和战区级情报资源，大量与毁伤效果相关的信息依然不能顺畅地流向最需要它们的地方，对移动目标的毁伤效果评估仍难以满足战役战术决策的需要。

在科索沃战争中，以美国为首的北约使用了天基、空基和陆基的各种侦察、监视、预警手段，动用了 10～20 种、50 多颗侦察、气象和导航卫星，使用了各种有人、无人侦察机，"派遣"了地面部队越境侦察、实施电子监听，构成了地、海、空、天一体的全方位侦察情报网，对南联盟实施了全天候、全天时的侦察监视。北约使用了美国的 2 颗"长曲棍球"雷达成像卫星、3 颗"锁眼－11"照相侦察卫星，临时发射了 3 颗小型照相侦察卫星。"锁眼－11"侦察卫星分辨率为0.15 m，既能在能见度较好的情况下进行可见光照相，又能在全黑的条件下进行红外照相。每颗"锁眼－11"卫星一天飞越目标区域两次。"长曲棍球"雷达成像卫星是目前世界上唯一的雷达成像侦察卫星，分辨率为 0.3～1 m 的合成孔径雷达能克服云、雾、雨、雪和黑夜的限制，实现全天候、全天时侦察，甚至可以穿透地表，发现在地下数米深处的目标。每颗"长曲棍球"卫星每天飞越南联盟上空两次。除此之外，还使用了美国的"大酒瓶"电子侦察卫星和法国的"太阳神"光学侦察卫星。这些航天信息获取武器的运用，使得北约能够实时掌握南联盟作战部队在战场上的动态，并对每一次空袭的效果进行实时跟踪评估。但美军认为，有些毁伤效果仅凭图片还难以得出准确的评估。如对坚固飞机掩蔽库的攻击，炸弹穿透后，不管在里面爆炸与否，从图像上都只能看到一个光滑的小洞，难以准确评估毁伤程度。对于较难穿透的坚固掩蔽库的打击，炸弹有可能在穿透之前就发生了爆炸，从外表看是造成了很严重的毁坏，但内部并没有受到损伤。使用石墨炸弹时，图片上显示不出传统炸弹那样一看便知的效果，也只能从其他情报，如被攻击区电灯亮不亮等，来评估效果。这说明，当外部毁坏和内部功能之间没有必然联系时，图像便不能作为唯一的评估依据，必须借助于其他情报来印证。

1.3.4　阿富汗战争中美军的毁伤效果的评估

美军对阿富汗的军事打击尽管规模不大，但在兵力部署、目标选择、火力运用等方面仍具典型性，具有一定的参考价值。与海湾战争和科索沃战争的作战模式不同的是，在这场战争中美军的远程和空中打击只作为空中支援作战，要求打击明确、精准，而美军在武器装备、情报收集等方面都具备了这种能力。

在太空中，美军通过临时发射和应急变轨的侦察卫星对阿富汗地区实施侦照。美军先后动用了照相侦察卫星、电子侦察卫星、海洋监视卫星和导弹预警卫星共94颗，比海湾战争多20颗，比科索沃战争多5颗。其中包括："锁眼-11"照相侦察卫星，分辨率高达0.15 m；"长曲棍球"雷达成像侦察卫星，成像精度达0.3 m，不受各种恶劣气候影响，弥补了光学侦察卫星的不足。在空中，美军动用了战略侦察机、战术侦察机、预警机、无人机等40余架，约占飞机总投入量的9%，比科索沃战争(8.3%)和海湾战争(4.8%)都高，其中包括RC-135高空侦察机、E-8A联合监视与攻击预警机以及"全球鹰"等多种无人侦察机。美军对阿富汗实施了全天候、全天时照相和电子侦察，获取了阿富汗重点城市目标情报，掌握了塔利班武装及"基地"组织的兵力部署、阵地位置、训练营地等情况，为制订对阿军事打击计划、评估毁伤效果提供了重要情报保障。在作战部队所得到的军事情报中，有60%以上来自侦察卫星。美国更是利用其绝对的空间优势对阿富汗目标的毁伤效果进行了详细的评估。

在这场战争中，美军每天都能及时展示清晰的毁伤效果照片或录像，这说明这一工作已有了较大的改进。但是，同时也应看到，美军此次没有把移动目标的毁伤效果评估作为重点，使整个毁伤效果侦察与评估工作相对于海湾战争和科索沃战争较为容易。

2001年，阿富汗当地时间10月9日晚18时26分(北京时间10月9日晚21时56分左右)，美军对塔利班实施了第三次军事打击，图1.1和图1.2分别为阿富汗赫拉特机场被炸前、后的卫星照片。这些照片清晰地显示了打击前、后目标的变化情况。

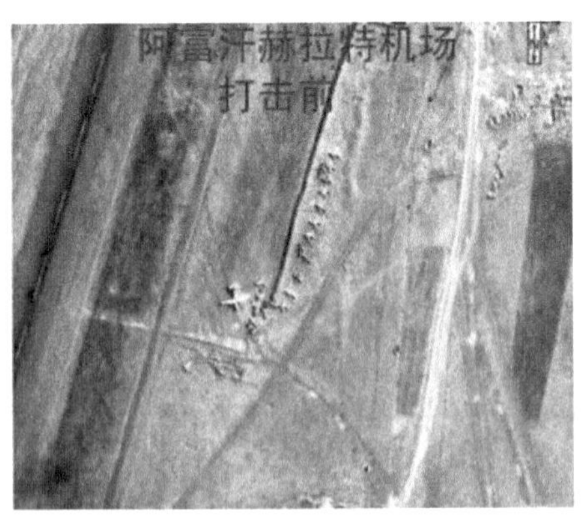

图1.1　阿富汗赫拉特机场被炸前的卫星照片

美国公布的一些毁伤效果评估照片中充分展示了各种侦察卫星在夜间攻击、白天评估这种作战模式中的作用，美国对侦察图像的接收、处理和传输能力比海湾战争和科索沃战争时更快、更强。

图 1.2　阿富汗赫拉特机场被炸后的卫星照片

1.3.5　伊拉克战争中美军的毁伤效果的评估

在伊拉克战争中美军以信息和情报为主导，以军事太空领域的绝对优势，在陆、海、空、天、电多维空间进行了一场信息化战争。在这次战争中美军无论出动陆军、海军还是空军，都依赖卫星进行测地、气象、预警、通信、监视、跟踪、定位、导航、毁伤效果评估等方面的支援和保障。美军利用部署在空间的 50 多颗卫星组成了强大的太空情报网，对伊拉克实施全天候侦察监视，及时、准确地获取对方信息。侦察卫星包括可见光、红外线照相侦察卫星（“锁眼 - 11”和“锁眼 - 12”卫星）、雷达成像卫星（“长曲棍球”雷达成像卫星），以及可对地面目标进行全方位侦听的“军号”系列电子侦察卫星。据统计，战争中美军近 70% 的军事情报来源于其部署在太空中的各型侦察卫星。同时，战争中美军使用了包括 RC - 12 电子情报飞机在内的 10 多种无人侦察机支持对伊拉克的军事行动，超过了阿富汗战争中所用数量的 3 倍，组成了强大的空中、地面和海上的情报网，牢牢控制了制信息权，为精确打击提供保障。无人侦察机也能够 24 h 不间断地向后方的指挥部发送实时的战场态势图像和情报。

与以往战争明显不同的是，美军在这次战争中使用最多的“撒手锏”是精确制导武器，相当于当年海湾战争使用精确制导武器的 12 倍。而精确制导武器离不开卫星的侦察、定位作用。美军空袭几乎全部使用全球定位系统（GPS）辅助制导的精确制导武器，使美军可以在夜晚和沙尘暴气象条件下对伊拉克发起攻击。同时，美军对移动目标打击能力明显增强了。在多年前的“沙漠风暴”行动中，美军即使通过侦察发现了对方的机动导弹发射车，对它也束手无策，因为情报在指挥链中需要数小时或数天的传递才能到达指挥部，而指挥官只有收到情报后才能下达攻击命令，这样，伊军有充足的时间移动至别处并发动新一轮的进攻。

而在这次战争中，这一状况没有重演。美军能够在数分钟内侦察、识别并击毁伊军陆地机动装备。这说明，美军在计算处理能力与高速数据传输能力上取得了长足进步，这使得美军能够获取“透明”且持续的战场态势图，并做出快速、灵活的战场决策。由于牢牢掌握了制信息权，美军对战场信息了如指掌，实现了“情报＝打击”的理想目标。

这场战争中美军在庞大的情报系统支持下，确保了打击的及时性、准确性。夜间攻击、白天评估的作战模式更趋完善。对卫星侦察图像信息的传输及应用也更加成熟，卫星侦察图像是美国中央司令部了解战争态势与发展的主要手段。毁伤效果评估工作也是历次战争中做得最好的。每天都能通过卫星图像来评估双方进展情况，并及时向新闻媒体公布最新战果。评估的准确率达到 85％以上，这说明毁伤效果评估这一作战环节已比较完善。

1.4 信息化条件下导弹毁伤效果的评估特点与流程

1.4.1 信息化条件下导弹毁伤效果评估的特点

1. 作用突出

在信息化条件下的战争中，适时的毁伤效果评估对决策后续战役行动、加速战役进程具有十分重要的意义。在机械化战争中，受评估手段限制，指挥员及指挥机关只能根据战场观测结果和下级的情况报告概略地评估作战效果。毁伤效果评估的不精确性，使得“以最小消耗达成最大效果”的目的难以实现。而在信息化条件下一体化联合作战指挥体系内，由于能够构建“情报—指挥—打击—评估”的“四环作战链”，特别是其中的“评估”环能够实时和准确地评估作战效果，从而为后续打击决策提供了准确依据，较好地解决了作战效果的检验问题。

2. 信息量大

毁伤效果评估是一个庞大的系统工程，所需信息量大且庞杂。所需信息可分为两大类，一是毁伤效果评估的依据和准则，二是满足评估的目标侦察信息。两者较好地结合，才能形成符合需求的毁伤效果评估。毁伤效果评估的依据和准则的制定，必须建立在充分掌握目标资料的基础上。为保证毁伤效果评估的时效性与准确性，必须在战前准备阶段结合具体战区（战场）目标建立战区目标数据库（包括目标资料和目标毁伤等级判别准则等），为毁伤效果评估工作提供理论依据和多种信息的支持。目标毁伤信息的侦察与获取，也是一项十分复杂的工作。信息化条件下的作战目标动态变化频繁，体系布局复杂，受环境、气候影响相当大。此外，目标毁伤效果评估的信息获取有遥感卫星侦察、航空侦察、地面特种侦察等多种手段，各种手段获取的毁伤信息格式不统一。这些因素都给毁伤目标的跟踪、定位、信息获取及处理带来了极大的困难。

3. 评估信息获取手段多样

信息化条件下对目标毁伤效果评估的信息获取手段有遥感卫星侦察、航空侦察、地面特种侦察等。遥感卫星、高性能无人侦察机和雷达技术的发展与应用，为目标毁伤信息的探测提供了更多新的方法，而遥感卫星和无人侦察机又大多是通过搭载的高性能雷达来获取目标信息的。随着合成孔径雷达（Synthetic Aperture Radar，SAR）成像技术的逐步完善，大量星载、机载 SAR 系统研制成功并投入应用，从而能够获得高质量的目标毁伤 SAR 图像，为战场侦察和毁伤效果评估打下基础。

1.4.2　信息化条件下导弹毁伤效果评估的基本流程

信息化条件下进行导弹毁伤效果评估的方法主要有两种：①侧重底层处理技术，在传感器、目标自动识别技术的基础上，通过研究打击前、后目标的特征，根据关键部位破坏模型对毁伤效果进行评估；②侧重高层处理，通过建立专家系统在底层处理的基础上进行毁伤效果评估。专家系统由于可使用专家知识库进行逻辑推理和判断，因此能有效地模拟专家的决策过程，但建立专家知识库存在困难且工作量很大。在此主要研究第一种方法，其基本流程如图 1.3 所示。

1. 毁伤图像预处理

毁伤图像预处理是根据原始图像的质量，以及图像边缘检测和区域分割等后续工作对图像的要求进行必要的处理，包括空间变换、辐射校正、几何校正、图像拼接与合并（镶嵌）以及专题图制作等。毁伤图像预处理的目的在于加工出符合范围方向、处理格式和质量等的图像产品，为后续的图像边缘分割和特征提取创造条件。对于按照定制要求加工好的毁伤图像产品，一般不需要进行预处理，可直接进行图像边缘检测。

2. 毁伤图像边缘检测

当观察物体时，最先看到最清楚的部分就是边缘和线，根据边缘和线的组合便可知道物体的构造，因此，在图形处理、模式识别中，抽出边缘和线是非常重要的步骤。目标毁伤图像边缘检测的目的就是采用自动化手段从整幅图像中检测出能够反映目标轮廓的边缘和线。对于导弹毁伤图像，其目标轮廓即为机场、桥梁等大型攻击目标的轮廓，以及导弹攻击后产生的毁伤区域的轮廓。

3. 毁伤图像区域分割与提取

区域分割与提取是将毁伤图像中的区域与背景分离开，形成一个独立的、闭合的完整区域轮廓。区域分割与提取的正确性，直接影响到目标识别和计算的正确性。导弹毁伤图像中，弹坑等毁伤区域即为最显著区域，也是图像中要识别的目标。

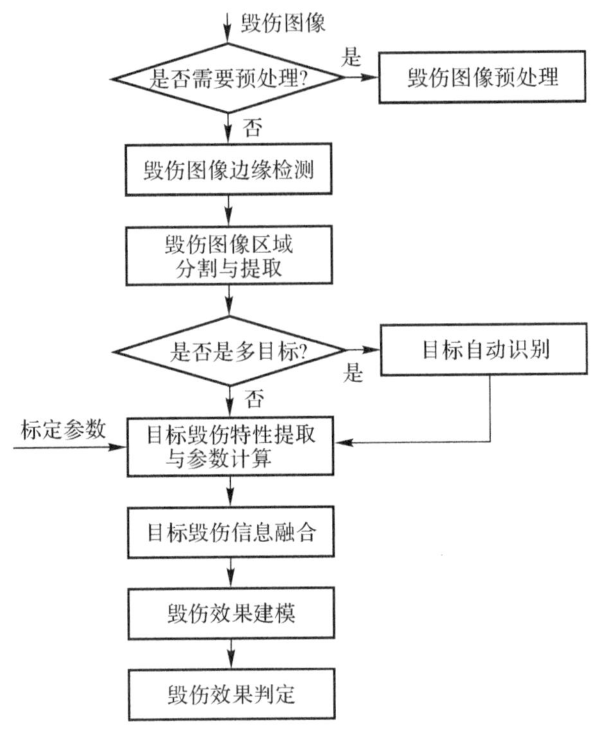

图 1.3　信息化条件下导弹毁伤效果评估的基本流程

4. 目标自动识别

通过毁伤图像分割从毁伤图像中提取出独立区域后，需要对区域进行识别，以确定哪些区域是毁伤效果评估所关注的目标区域。如果图像中的目标数量较少，而且形状、颜色、纹理等特征比较明显，那么采用人工判读的方式来识别目标。如果目标数量多，特征差别较小，人工判读速度慢、正确度低，那么采用计算机自动识别的方法进行。自动识别是在图像边缘检测和区域分割的基础上，根据区域的几何纹理等特征，利用模式匹配、判别函数、决定树、图匹配等识别理论对区域进行分类和结构分析，判读出目标。图像识别的方法较多，例如神经网络识别法和支持向量机识别法等，但其准确程度因图像质量等情况而异，因此，对自动识别后的结果还需要进行人工判读和确认。

5. 目标毁伤特征提取与参数计算

由于目标的几何外形、纹理、灰度特性等不同，其特征参数也不同，因此需要针对不同的目标选择提取所需的目标特征，如尺寸、形状、纹理和颜色等。通过特征提取，可以获得图像中每一个像素的特征基础值，在此基础上，以不同的特征参数组合来描述不同的特征，并将特征基础值和相关的计算因子输入特征参数计算公式，即可得到具体的特征参数值。目标特征的提取和参数计算是准确实现图像识别的关键。

6. 目标毁伤信息融合

目标毁伤信息是由战场侦察平台和侦察设备所获得的侦察图像及其相关的情报产品，它包括白光、微光、红外（行扫、前视红外）的影像，各种平台的电视侦察影像，各种机载平台的合成孔径雷达和逆合成孔径雷达的雷达图像，还包括由地面人工侦察所获得的人工图像情报。侦察图像具有资源丰富、信息量大、直观性好的特点，被指挥决策人员大量采用，成为毁伤效果评估的依据。

多传感器信息融合技术是信息化毁伤效果评估中的关键技术，它将分布在战场空间的各级各类传感器连接成一个有效的网络，实现信息互联互通、信息互补和综合，完成各种战场目标毁伤情况监视任务，使战场情况更加透明。在获得有关目标毁伤的各种信息之后，需要运用多传感器信息融合技术对其进行综合处理，进行信息融合。遥感图像信息融合的基本流程如图 1.4 所示。

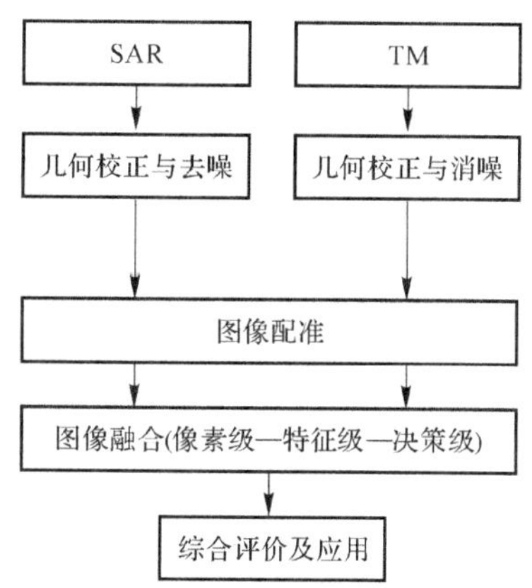

图 1.4　遥感图像信息融合的基本流程

注：TM 为光学遥感。

像素级融合用于多传感器图像分析，如多波段遥感图像的分类；特征级融合用于图像符号化，如基于边缘检测和区域分割的图像分割技术；决策级融合主要用于图像目标的自动识别研究，如对直线和区域的综合分析等。典型的多源图像情报融合见于合成孔径雷达和光学遥感（TM）影像的融合，以实现对地物目标的更佳分析和解译。

近年来，对于信息融合的串行算法，特别是针对像素级融合方法的研究一直是国际性的热点问题，而且已经取得了一些重要的研究成果，形成了一些成熟的融合方法。信息融合的串行算法一般分为如下四类：成分替换方法、比值融合方法、滤波融合方法和多分辨率分析方法（基于小波的融合方法）。

通过多传感器信息融合技术，分布于战场空间的各种传感器获取的多源目标毁伤信息充分融合，能够获取比单一情报源更多的信息、更好的信息质量和更高的情报可信度，极大地提高了目标毁伤信息的精准度，为毁伤效果建模打下基础。

7.毁伤效果建模

毁伤效果建模的过程如下：通过对目标系统功能毁伤评价指标的划分，从下至上分级评估，然后综合评估。首先分析底层目标毁伤度，然后综合评估整体毁伤度，能更有效地完成对目标毁伤的评价。当然，对于大多数目标来说，底层目标的毁伤度不可能进行实时实地的侦察确定，更多的是通过对遥感图像的判读、分析，获取所需信息，并综合实验数据和经验确定评估模型中的指标权重。

国内外专家、学者对目标毁伤效果评估模型进行了深入研究，并提出了多种毁伤效果评估模型与方法。

(1)目标毁伤效果评估概率模型

目前，大多数毁伤效果评估模型属于概率模型，这是毁伤效果评估中的经典模型。这个模型的不足是毁伤评价指标为随机型指标，其置信度直接影响评估结论的可信度。

(2)基于推理的目标毁伤效果评估模型

基于推理的目标毁伤效果评估模型适用于难以通过物理毁伤信息评估功能毁伤效果的目标，其典型代表是贝叶斯网络决策模型。该模型可以综合战前的各种预测信息、战场上收集到的目标物理毁伤信息，并结合专家经验，通过贝叶斯网络推理方法对目标的功能毁伤效果做出综合评估，因而提高了目标毁伤效果评估的准确性。

贝叶斯网络是近年来人工智能领域最重要的研究成果之一，它能够根据不确定或不完整的观测信息对所要研究的问题做出相对准确的推理。贝叶斯网络的这种特点恰好适用于根据不确定或不完整的目标毁伤信息综合评估目标的毁伤效果。同时，贝叶斯网络具有数据挖掘能力，它可以从现实的战场环境中采集目标毁伤数据信息，动态更新模型以提高目标毁伤评估的准确性及可信性。运用贝叶斯网络技术进行目标毁伤效果评估的关键是贝叶斯网络评估模型的建立及其更新过程，其基本步骤如下。

1)基于贝叶斯网络的目标毁伤评估基本原理。

基于贝叶斯网络的目标毁伤评估，是将战前预测性目标毁伤评估结果以及战场上收集到的各种目标毁伤信息输入评估系统中，借助贝叶斯网络的推理功能，使毁伤信息在整个网络中传播，并实时更新网络，计算战时贝叶斯网络节点上各种状态发生的概率，即目标发生各种毁伤等级的概率，实现对目标毁伤效果的综合评估。评估模型的输入为战前预测性目标毁伤评估结果以及战场上收集到的各种目标毁伤信息，输出为目标可能的毁伤等级及其发生的概率。

2)目标毁伤评估贝叶斯网络模型的建立。

贝叶斯网络提供了一种自然的表示事物间因果关系的方法。一个完整的贝叶斯网络模型由两部分组成:网络结构和网络参数。贝叶斯网络模型结构定性描述了网络中各节点之间的因果关系，因此，在构造目标毁伤评估贝叶斯网络模型时，首先应确定贝叶斯网络模型结构。根据各种目标毁伤信息对目标毁伤评估的影响，可以建立目标毁伤评估贝叶斯网络模型结构。

目标毁伤评估贝叶斯网络参数包括网络中各节点状态和网络中父子节点间的条件概率等两方面内容。根据目标特性和目标毁伤评估要求，可以确定目标毁伤评估贝叶斯网络模型中各节点状态。对于不同的目标，各节点状态的划分可能不同。通常将节点状态定义为5种，即未毁伤、轻度毁伤、中度毁伤、重度毁伤和完全摧毁。

贝叶斯网络模型中条件概率的确定一般比较复杂，往往由专家凭经验确定。一种可行的方法是根据目标毁伤状态判定准则及目标毁伤后恢复目标特定功能所需修复时间的分布来确定模型中的条件概率。

3)目标毁伤评估贝叶斯网络模型的更新。

这里对目标毁伤评估贝叶斯网络模型的更新并不是对贝叶斯网络结构和节点状态的改变，而是指对模型中各节点条件概率的更新。随着目标真实毁伤情况不断揭示，这些条件概率将不断被更新，不断向真实的条件概率逼近，以提高目标毁伤评估贝叶斯网络模型的准确性。由于模型中条件概率是根据恢复目标特定功能所需修复时间的分布计算而来的，所以对条件概率的更新又可以转化为对目标修复时间分布的更新。

8.毁伤效果判定

在建立目标毁伤效果评估模型的基础上，输入目标参量进行毁伤效果计算，并与预先确定的目标毁伤判据进行对比分析，以判定目标的毁伤等级。

目标毁伤效果判定的本质是目标毁伤等级的确定。一种可行的毁伤效果判定技术是基于目标特征参量的毁伤效果判定，是通过比较目标特征参量在火力打击前、后变化的程度而进行的。目标特征参量的变化越大，说明目标毁伤等级越高，目标受到的损伤越严重；反之，则说明目标毁伤等级越低，目标受到的损伤越轻。

基于目标特征参量的毁伤效果判定的系统框图如图 1.5 所示。

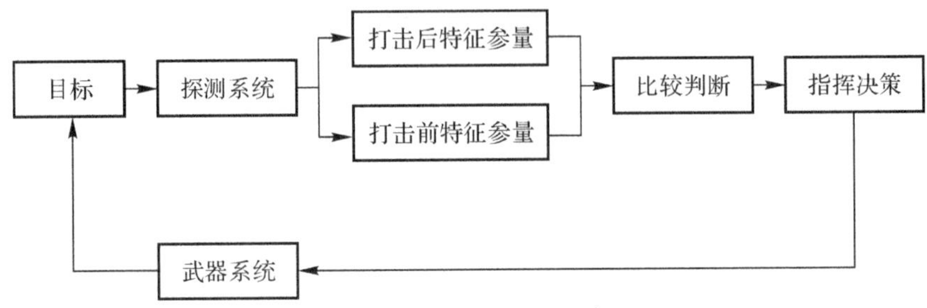

图 1.5　基于目标特征参量的目标毁伤判定系统框图

具体描述如下。

(1)目标毁伤等级的划分

目标毁伤等级的划分是指把目标遭受火力打击后的破坏程度定量地划分为若干个等级。目前,有关目标的毁伤评判仅是定性地划分为若干个毁伤状态,难以体现目标毁伤程度的差异。为定量划分目标毁伤等级,首先应合理确定与各毁伤等级相对应的毁伤判据(对各毁伤等级而言目标参量在火力打击前、后应产生变化的定量表示),以毁伤判据为标准,按目标毁伤程度的轻重划分为不同的等级,并以数量形式表示,称为毁伤等级确定值。

(2)目标特征参量的选取

选取目标特征参量一般应依据以下原则:①在火力打击前,这些特征参量在理论上应具有恒定性或连续性或一定程度的相关性;②在火力打击后,这些特征参量会发生较为明显的变化;③这些特征参量的提取及其相关计算应满足实时性、易于运算处理的要求,以确保指挥员有充足的时间制定相应的对策;④特征参量的选取必定受到传感器系统的限制,它的选取还应结合拥有的探测系统而定。一种可行的目标特征参量提取方法是模板匹配方法。

(3)目标毁伤等级评判函数的选择

目标毁伤等级评判函数用于定量计算目标的各个特征参量在导弹火力打击前、后的差异程度。把目标的各个特征参量都看作不同的数学量,则目标特征参量在导弹火力打击前、后的差异就表现为两个同种性的质数学量之间的差异程度,这种差异程度或表现为两个标量之间的差,或表现为两个矢量之间的距离,或表现为两个矩阵范数之间的差,其数学表达即为目标毁伤等级评判函数。目标毁伤等级评判函数存在多种形式,选择的原则是要与目标毁伤等级的定义一致。一种可行的目标毁伤等级评判函数是模糊隶属度形式。

(4)目标毁伤等级的确定

在目标毁伤等级的确定中，首先依据各特征参量在火力打击前、后差异程度的比较结果即目标毁伤等级评判函数的计算结果，结合毁伤等级判据获取各特征参量下相应的毁伤等级确定值，再对各个不同特征参量下毁伤等级的确定值进行综合处理与分析，得出目标毁伤等级的最终结果。因为在目标毁伤等级的确定中，较高的毁伤级别往往包含了较低的毁伤级别，所以最终的目标毁伤等级应是不同特征参量下毁伤等级确定值的逻辑并集。

1.5　本章小结

信息化条件下导弹毁伤效果评估是一个复杂的研究领域，涉及遥感遥测、模式识别、情报融合、辅助决策等多项技术，并且处在不断发展之中。本章对其研究现状、基本概念、基本方法等进行了阐述。在相关研究中，上述处理过程和相关评估算法都已经在软件中实现，相关作者也对多类实际毁伤图像进行了应用研究。在未来有关导弹毁伤效果评估的研究中，应在多目标自动识别、目标特征自动提取技术等方面进一步深化。另外，基于立体遥感影像处理的物理评估方法在导弹毁伤效果评估中具有更为有效的作用，也是相关研究的重点和发展方向。

第2章　导弹毁伤效果评估的理论与方法

2.1　引　　言

导弹毁伤效果评估系统中常规导弹战斗部对目标的毁伤效应是研究常规导弹武器对目标毁伤效果的前提和基础。由于常规战斗部打击的目标类型不同、作战效能需求不同，所采取的设计方案不一样，战斗部的结构特点各异，因此，对目标的毁伤效应差别也很大。对常规战斗部的结构及其毁伤特点的认识，将对毁伤效果指标的选取、毁伤效果评估的计算等一系列问题的研究有很大的帮助。在导弹打击前可以利用实验、仿真等多种手段检验战斗部的毁伤效应，而战场中打击目标后由于不能实地考察打击的效果，只能根据现代的侦察手段(主要是卫星侦察和航空侦察)侦察被打击目标的外部毁伤情况，然后利用信息处理技术分析目标毁伤效果。导弹毁伤效果评估研究的最终目的是建立导弹毁伤效果评估系统，因此本章也将对其进行总体描述。

2.2　导弹战斗部的种类及毁伤机理

2.2.1　弹药及其作用原理

弹药的作用是提供或产生损伤机理来杀伤各类目标，不同的弹药，其毁伤机理差别很大。按弹药对目标的毁伤机理，战场上常见的几类主要弹药有破片杀伤式弹药、爆破弹、聚能破甲弹、侵彻动能弹、燃烧弹，此外还有核弹药及定向高能弹药等。

1. 破片杀伤式弹药

这类弹药的特点是应用爆炸方法产生与释放高速破片群，利用破片对目标的高速撞击、引燃和引爆作用杀伤目标。破片式弹药对人员、飞机、汽车、导弹、舰艇等轻装甲目标具有良好的杀伤效果，其中破片一般由弹药壳体金属构成。根据产生破片的壳体类型，破片式弹药又可分为整体式、预制式和半预制式三种。

2. 爆破弹

爆破弹主要依靠炸药爆炸时所产生的大量高温、高压爆轰产物的直接作用和由它推动周围介质(如空气、水、土壤、岩石等)造成的冲击波(或应力波)作用来破坏地面、地下、水面或水下目标。爆破弹对面目标效果较好。

3. 聚能破甲弹

聚能破甲弹采用锥形、半球形或其他形状的药型罩,爆炸装药在凸面的后面。装药爆炸后,爆炸波向前扫,从锥形药型罩的尖顶部挤压药型罩,形成金属射流来击穿装甲。它具有能量密度高、方向性强、局部破坏作用大等优点。

4. 侵彻动能弹

侵彻动能弹是通过对目标的侵彻而引起毁伤作用,其终点弹道效应主要由命中目标时的动能决定的,如枪弹、穿甲弹。动能弹丸通常以单个形式发射,产生一个毁伤元,即弹丸本身,且沿直线方向入射目标。除具有侵彻作用外,其对引燃或引爆类部件(如油箱、弹药)还具有引燃或引爆作用。

5. 燃烧弹

燃烧弹主要利用其燃烧的火种分散在被燃目标上,将目标引燃并通过燃烧的扩展和蔓延来最终烧毁整个目标。其毁伤效能由纵火剂的性能和被燃目标的性质状态(目标的可燃性、几何形状及目标数量)这两方面来决定。

6. 定向高能武器

产生高强度电磁辐射束的武器系统称为定向高能武器,包括激光武器、电磁脉冲武器、高功率微波武器等,其主要损伤机理是高能辐射。

2.2.2　毁伤元及其毁伤效应

由弹药产生的、具有一定的能量、对所触及的目标有毁伤作用的单元体,称为毁伤元,如破片、动能弹丸、爆炸冲击波、射流、光辐射、核辐射等。尽管各种弹药毁伤目标的作用原理不同,但它们具有共同的特点,就是在终点处产生一种或多种毁伤元,并把弹药自身具有的能量传递给毁伤元,通过毁伤元毁伤目标。

每种弹药均可能产生多种毁伤元。例如:穿甲燃烧弹可产生穿透物、燃烧粒子两种毁伤元;高爆弹能产生冲击波、破片等毁伤元。另外,某些弹药通常还会产生二次毁伤元,如穿甲弹在穿透装甲后还可能引起破片、燃烧粒子等二次毁伤元,造成乘员及车内设备的损伤。

毁伤元的毁伤效应是指毁伤元对有生目标(如人员、飞机和车辆等)的杀伤破坏作用。每一种毁伤元都可能对目标造成多种毁伤效应。如破片(自然破片或预制破片)的毁伤效应有杀伤、穿甲、侵彻、引燃、引爆效应等。

下面分析几种典型的毁伤元及其毁伤效应。

1. 破片

破片是一种最常见的毁伤元，是具有一定形状、质量、速度和方向的金属颗粒。它主要有两种来源：爆炸产生的破片和撞击产生的破片。破片是通过对目标的侵彻产生破坏作用的，如破片撞击钢板或混凝土之类的坚硬目标时将其动能传递给目标。破片传递的能量很大，致使目标材料的受力超过其屈服强度，就会出现侵彻现象。速度极高的破片对油箱、弹药还有引燃、引爆作用。其作用机理复杂，影响因素繁多。当破片命中人体目标这样的软目标时，侵彻过程中损耗的能量要少得多。破片常常可以贯穿人体，破坏人体器官，从而达到毁伤的目的。

2. 动能弹丸

动能弹丸对目标的破坏形式有两种：一是通过侵彻作用而毁伤目标；二是通过对目标甲板的撞击使其内部产生应力波，应力波在自由表面反射产生拉伸波，当拉伸达到一定的程度时，甲板出现层裂，产生二次破片，从而产生辅助破坏作用。动能弹丸的破坏形式和对目标的破坏程度与弹丸的质量、速度、弹丸密度、材料强度、口径、长度及弹形系数有关，这些参量相互独立，是动能弹丸的基本毁伤参量。

3. 爆炸冲击波

爆炸冲击波撞击目标时将产生一定的超压、动压和冲量，从而使目标毁伤。冲击波可以毁伤人员、地面建筑、车辆和飞机等不同的目标。破坏效应主要由超压峰值、正压时间及正压段压力冲量三个毁伤参量决定。

4. 射流

射流撞击目标甲板时，在撞击点处产生高温、高压、高应变率的“三高”区，后续射流继续对处于“三高”状态的靶板进行侵彻，依靠这种侵彻作用穿透靶板和使目标内部遭到破坏。此外，射流还能够点燃燃料，引爆爆炸物。

5. 核辐射

核辐射对活体组织细胞具有电离作用和刺激作用，使某些对维持细胞正常功能具有重要作用的成分遭到破坏。在细胞破坏过程中又会形成某些毒害细胞的产物，这就是核辐射的生理毁伤。此外，核辐射可对一些感光器材和电子元件产生物理破坏。

6. 热辐射

热辐射能量冲击目标时，部分能量被目标表面吸收并立即转化为热能，几乎所有的热辐射都是在极短的时间内作用于目标的。目标由于没有足够的时间向其他地方传热，因此表面温度急剧上升，将引发火灾或者使目标强度降低。热辐射还能伤害人体，导致皮肤烧伤或眼睛灼伤。热辐射的毁伤效能主要与辐射强度有关。

7. 电磁波

电磁波由高能激光产生电磁能，并将其聚集成高强度集中能量束射向目标，然后这种能量束固着在目标上，直至被吸收的能量对目标产生足够的损伤以造成最终的破坏。

8. 电磁脉冲

电磁脉冲也就是非连续电磁脉冲，是持续期非常短的强电子信号，它能够使受攻击的电子设备失灵或损坏。

9. 带电粒子束

带电粒子束以加速的亚原子微粒的形式，通过辐射和磁场将带电粒子束聚集在目标上，可导致目标极大的损伤。

2.3 导弹毁伤效果评估的基本概念

1. 目标

美军在《目标选择与打击联合条令》中指出：目标是一个地区、一座综合性建筑物、一个设施、一支部队、一种装备、一种战斗力、一种功能或某种行为。目标的范围广泛，包括机动部队、驻止部队、装备和其他资源。其重要性取决于它对作战目标的影响。本书中的目标就是军事力量打击、攻占或控制的对象。目标分类，国际上通常分类方法是按不同原则进行不同的分类。按目标价值分，可分为战略目标、战役目标和战术目标；按目标性质分，可分为军事目标、工业目标、交通目标、能源目标、城市目标、目标区；按目标位置、状态分，可分为固定目标和运动目标；按目标组成分，可分为单个目标和群目标；按目标几何特征分，可分为点目标、线目标、一般面目标和立体目标；按目标组成和几何特征分，可分为单个小幅员目标、面目标、集群目标。

2. 战场感知信息

从广义上讲，从战场上以不同的手段（譬如航空侦察、航天侦察和地面侦察等）获得的所有数据经过处理后都可以称为战场感知信息；从狭义上讲，通过各种载体获得的遥感信息称为战场感知信息。本书的战场感知信息指遥感信息。

3. 遥感信息

遥感信息是指通过航空航天等手段获得的图像等形式的信息。本书所涉及的仅仅是遥感图像信息。

4. 系统效能

系统效能指系统在规定的条件下，完成其规定任务的能力，用 E 表示系统的效能。

5. 毁伤元素

毁伤元素指能对系统效能产生负影响的各种物理因素。用 $\boldsymbol{X}=[x_1 \quad x_2 \quad \cdots \quad x_n]^{\mathrm{T}}$ 表示毁伤元素向量，其中 x_i 表示第 i 种毁伤元素，$\boldsymbol{X}_j$ 表示某一个毁伤元素向量。

6. 目标易损性

现代科学技术的发展以及若干次军事对抗的结果表明，对目标易损性的理解不能再局限在单纯的“硬杀伤”上，“软杀伤”手段已显示出越来越重要的作用，所以目标的易损性应与其效能有关。目标易损性指目标系统效能对各类毁伤元素的敏感程度。

7. 目标毁伤

目标毁伤，就是使用兵力和兵器对目标施行突击行动的结果和完成上级赋予的作战任务时降低敌作战能力和改变战场态势的特征表现。目标毁伤可理解为敌作战集团内人员、器材、装备、弹药和武器的损失，以及工程设施和其他军事目标被破坏（毁伤）的程度。实质上，目标毁伤过程就是毁伤元素作用于目标系统时，其效能变化的过程。

8. 目标毁伤程度

目标毁伤程度是指经过某一毁伤过程，目标系统效能的变化量。

9. 毁伤效果评估

《美国空军情报手册》关于毁伤效果的描述为：及时、准确的毁伤评估，产生于军队对预定目标致命或者非致命的判定。毁伤效果评估由物理毁伤评估、功能毁伤评估和目标系统评估三部分组成。

2.4 导弹毁伤评估中的目标战场损伤分析方法

导弹毁伤效果评估的对象是被攻击的目标，目标战场损伤分析方法是导弹毁伤评估理论的重要内容。通过借鉴可靠性、维修性及以可靠性为中心的维修（RCM）分析等方面的经验与方法，运用基本功能项目分析（BFIA）、故障模式影响分析/损坏模式影响分析（FMEA/DMEA）、损伤树/故障树分析（DTA/FTA）、损伤定位分析（DLA）、修复方法分析（RMA）、修复资源分析（RRA）等方法，对典型装备实施战场损伤分析，获取完整的战场损伤数据。目标战场损伤分析过程中 FMEA/DMEA 的地位最重要，它是平时条件下 FMEA 的借鉴和发展，其分析内容包括基本功能项目、功能、损伤模式、损伤原因、损伤影响、修复方法、修复活动分解、继续使用和损伤决断准则等。目标战场损伤分析包含平时条件下的各种损伤及战场上可能发生的各种损伤，见表 2.1。

表 2.1　目标战场损伤分析内容

分析项目	包含内容
基本功能单元	基本功能单元名称等
功能	功能名称、工作方式等
损坏/损伤模式	模式名称、严酷度等
损坏/损伤原因	原因名称、损伤状态的定性定量参数描述、损伤决断准则等
修复方法	方法名称、设备清单等
修复活动分解	修复活动描述、修复时间估计

2.5　导弹毁伤效果评估指标的选取方法

选取合理的毁伤效果指标并根据所建立的模型进行毁伤效果的计算是导弹武器毁伤评估的基础，毁伤效果指标主要与战斗部毁伤机理、目标易损性、作战意图三大因素相关。当前，在进行毁伤效果指标的选取与计算时，常常将目标的物理易损性与功能易损性混为一谈。例如：用爆破子母弹射击矩形面目标时，可以选取相对毁伤面积为毁伤效果指标；用整体爆破弹打击面目标或线目标时，可选取至少相对覆盖面积作为毁伤效果指标；在进行毁伤效果预测及打击后毁伤效果判定时，仍然选用以上毁伤效果指标进行计算来分析目标的被毁伤程度。可见，这一直在用目标几何毁伤直接代替目标功能被毁伤的程度，进而用目标几何毁伤程度作为作战意图实现程度的度量标准，这不完全是科学的。如果忽略了目标总体功能上的结构关系，即使对某些易于摧毁的子目标进行了重度毁伤，但由于目标系统的可替代性及可修复性等因素，系统目标的整体功能下降程度可能也非常有限。这时，再以目标物理毁伤程度来判定目标整体功能的下降程度，其结果就会出现很大程度的失真。

毁伤效果指标一般应根据战斗部毁伤机理、目标特性，并结合作战意图而选取。目标几何结构易损性和功能易损性是目标易损性研究的两个方面，武器对目标的毁伤主要还是通过战斗部爆炸所产生的冲击波及高能破片撞击、侵彻等作用实现对目标的硬毁伤(这里不讨论电磁脉冲弹头等软杀伤武器的软毁伤效应)。因此，从战斗部毁伤机理的角度考虑，其所关心的是目标的物理易损性，包括目标各个部位的尺寸、材料参数、结构特点、强度指标等，并根据上述指标确定目标的抗冲击、振动、贯穿、燃烧及冲击波超压的能力。目标的几何易损性既是战斗部威力设计的基本依据之一，也是当前进行毁伤效果指标选取的理论基础，如当前使用得较为广泛的平均相对毁伤面积、至少命中数等毁伤效果指标都是侧重于目标的几何易损性而选取的。

然而，目标功能的受损程度却是实战中攻击方最为关注的问题，作战意图也是直接针对目标功能的受毁伤程度来制定的。因此，毁伤效果指标的选取与计算不得不认真考虑目标的功能易损性，也就是必须兼顾战斗部对目标物理上的硬毁伤和作战意图对目标功能的毁伤要求。

从目标功能结构入手，选取目标功能损伤程度作为毁伤效果计算及毁伤意图评判的主要衡量指标，并以目标功能易损度作为目标功能损伤程度的表征，这样可以综合反映出武器战斗部威力、目标物理毁伤程度、目标功能结构以及作战毁伤意图之间的关系，能够直接反映目标易损性与目标作战效能降低的关系。因此，基于目标功能易损度的毁伤效果指标选取的思想，比单纯侧重于目标几何易损性来选取毁伤效果指标更为科学、合理。

2.6 导弹毁伤效果评估方法的分类

目标在战场上的物理毁伤评估是研究战场上目标遭受武器攻击下毁伤的物理状态，包括武器的毁伤机理，各种毁伤因素对桥梁目标毁伤的物理现象，如冲击波对固定目标结构的扭曲、层剥和破片贯穿等，以及各种毁伤因素对目标结构毁伤后目标的物理变化特征，如形状的畸变等。由于作战的特殊性，目标战场物理毁伤研究，不能像物理学一样可以通过大量的、可重复的观察和实验来总结、验证一些物理现象和规律，而只能使用非常有限次的、特定条件和范围内的现象、数据来分析毁伤特征，因此，目标战场物理毁伤评估研究并不是严格意义上的物理分析，这方面需要与目标毁伤实验、仿真结合起来研究才能有效。

1.导弹毁伤效果定性评估

导弹毁伤效果定性评估首先体现在被导弹攻击的目标的物理毁伤方面，目标的功能毁伤的定性描述受到物理毁伤描述的制约。导弹毁伤效果定性评估的目的在于从整体上认识目标基本的毁伤状态，使评估人员能够在感性上判断目标的毁伤性质。目标的功能与目标的物理毁伤与其物理结构的相关性非常强，而目标的功能毁伤只在一定程度上决定于目标的物理结构。

2.导弹毁伤效果定量评估

导弹毁伤效果的功能毁伤效果评估涉及图像处理技术和评估方法，根据不同的目标的不同功能会有不同的功能衡量方法。也就是说，定量评估对不同种类的目标会有所不同。定量评估主要体现在对毁伤指标的量化表述。

(1)单目标

对单目标的毁伤定量评估用毁伤概率 $P(A)$表示。用 A 表示“完成射击毁伤任务”,完成射击效果任务指标就是事件 A 出现的概率 $P(A)$。评估方法主要是通过分析导弹毁伤原理构造模型计算出概率 $P(A)$。

如果用目标的毁伤面积作为指标衡量毁伤效果,那么毁伤评估方法主要是构造模型和通过相关信息确认目标被毁伤面积和目标原始面积的比值。曹海梅就是用此类方法进行定量评估,最后给出毁伤等级描述毁伤评估结果的。

(2)系统目标

系统目标的定量评估可以用系统中子目标的毁伤个数描述,如果用此种指标衡量目标的毁伤状况,那么只需要运用相关情报计算出系统目标中被毁伤子目标,再与系统中总目标的个数相比即可。

以上方法可以用来描述系统目标的物理毁伤,但是一般不用这种指标衡量系统功能毁伤,因为系统目标的功能往往表现于子目标相关组成后的功能上,所以需要根据系统目标的功能选择关键节点选取指标,然后计算关键节点的损伤,评估系统目标的毁伤等级。

2.7　基于遥感信息的导弹毁伤效果评估系统总体描述

2.7.1　导弹毁伤效果评估系统的总体构成

导弹毁伤效果评估系统,由空间侦察系统和地面应用系统两大部分构成,其中空间侦察系统由航天侦察、航空侦察和地面侦察等分系统组成,而地面应用系统由信息处理分系统和毁伤效果评估分系统组成。

1.空间侦察系统

空间侦察系统主要是运用所掌握的各种侦察力量和侦察手段,收集目标基本情况,采集毁伤效果信息,获取目标毁伤的全维信息(如目标的地理位置与时间坐标,目标的光学特征与雷达、红外特征以及目标之间的相关性等)。该分系统主要由各级侦察力量、侦察手段及装备构成,是获取毁伤效果侦察与评估信息的基础。空间侦察系统属于毁伤效果评估系统的一部分,其受空间侦察系统的硬件影响更大。

2.信息处理分系统

信息处理分系统主要负责运用各种信息技术,对毁伤效果侦察信息进行接收、传输、处理与分发,也包括对与毁伤效果侦察和评估相关的各种决策信息的接收、传输、处理与分发。该分系统由各级情报中心的信息处理人员及相关保障人员、侦察情报接收设备、通信设备、信息处理软件与硬件设备及相关数据库等构成。它的运行贯穿于毁伤效果评估的全过程,是对侦察信息的价值加工,也是进行准确、高效评估的有力保障和前提条件。其中,信息处理技术发展程度直接影响到毁伤评估的可信度,而信息处理技术也是毁伤效果评估的基础。

3.毁伤效果评估分系统

毁伤效果评估分系统主要负责根据毁伤效果侦察处理信息以及目标特征数据库、武器资料数据库、评估准则模型库等,利用各种评估技术和评估方法对毁伤效果做出判断。该分系统主要由各级情报中心及相关评估人员、评估软件与硬件、各种数据库等构成,是产生毁伤效果侦察与评估成果,形成正确辅助决策信息的关键,是整个毁伤效果评估系统的重点部分。

导弹毁伤效果评估系统的地面应用系统总体上由信息处理分系统和毁伤效果评估分系统组成,在结构上信息处理分系统和毁伤效果评估分系统又交叉在一起。信息基本流程是接收打击后目标区的图像后,先应用图像处理技术对图像进行去噪等基本处理,然后提取目标区域和目标毁伤区域并做初步的判读,在此基础上综合利用目标的先验知识和评估方法评估目标毁伤。目标毁伤评估一般认为分为三个部分,即目标物理毁伤评估、目标功能毁伤评估和目标系统毁伤评估。这三个部分相辅相成,共同构成导弹毁伤效果评估的核心内容。

2.7.2 导弹毁伤效果评估系统的信息源分析

1.导弹毁伤效果评估系统中遥感信息的来源

导弹毁伤效果评估系统中目标资料的准确性和信息的质量,直接关系到毁伤效果评估结果的可信度。全面而准确的目标资料信息能够有力地提高评估结果的可信度,而片面的目标信息可能使毁伤效果评估结果失真。毁伤效果评估要在一定的信息处理技术支持下才能够完成,又因为信息来源不同,要使用的技术手段也会不一样。

导弹毁伤效果评估信息的主要来源可按按不同的分类方法进行分类。

(1)按信息获取手段分类

按信息获取手段的不同,可以将导弹毁伤效果评估信息分为卫星侦察信息和航空侦察信息。

1)卫星侦察信息:卫星侦察监视技术是指利用星载侦察设备从空间获取地面军事目标信息的技术。它可从卫星运行轨道上对地面、空中和海上军事目标进行观测和监视。卫星侦察监视技术是从空间获取战争信息的重要技术手段,是航天侦察力量的核心部分,具有不可替代的作用。与传统的侦察方式相比,卫星侦察的突出优点是侦察视点高、范围广、速度快，不受国界和地理条件的限制，能取得其他侦察手段难以获得的情报，对政治、军事、经济和外交都有重要意义。通过卫星侦察，可以长期、连续不断地对重要地区的军事设施、兵力部署、作战装备等进行监视，使敌方或潜在对手始终处于己方监视之下。卫星侦察监视系统包括成像侦察卫星、电子侦察卫星、海洋监视卫星、导弹预警卫星、核爆炸监视卫星等应用卫星及其相应的卫星应用系统。

2）航空侦察信息：与卫星侦察相比，航空侦察具有造价低，运用灵活、方便等特点，是军事侦察的重要手段之一。航空侦察系统包括有人侦察机和无人侦察机两大类，其目的都是收集敌方的情报和信息，为各级战斗指挥提供决策参考，为参加战斗人员提供攻击目标的依据。有人侦察机具有机动灵活、飞行速度快、侦察范围广等特点，在近来几场局部战争中发挥了重要的作用。无人侦察机是航空侦察系统中的后起之秀，具有体积小、质量轻、雷达反射截面小、造价低和不必考虑人员安全等特点，非常适合于战场侦察。

（2）按信息获取时段分类

按信息获取时段可以将导弹毁伤效果评估信息分为平时获取信息和战时实时信息。

1）平时获取信息：平时获取信息主要指需要平时经过长期积累以及仔细研究才能得到的信息，比如空间信息侦察、打击目标种类分析、毁伤效应和毁伤判据分析等。这些信息的积累或者研究成果在战时将有选择地转换为战时信息，并与战时实时侦察信息和作战意图等共同组成战时信息，为战时毁伤效果评估服务。

2）战时实时信息：战时实时信息主要指依靠侦察卫星、侦察飞机等获取的信息。

（3）按信息获取类型分类

按信息获取类型可以将导弹毁伤效果评估信息分为光学成像信息和雷达成像信息。

一般侦察卫星是指利用所携带的光学遥感器和微波遥感器拍摄地面一定范围内的物体来产生高分辨率图像的卫星。它主要用于战略情报收集、战术侦察、军备控制核查和毁伤效果评估等目的，例如获取机场、港口、导弹基地以及交通枢纽、工业布局等信息。在各类应用卫星中，侦察卫星是发射最早、数量最多的卫星。通常可以将侦察卫星划分为照相侦察卫星和电子侦察卫星两种，而照相侦察卫星又可进一步划分为光学照相侦察卫星和雷达照相侦察卫星两类。

2. 遥感信息的指标分析

导弹毁伤效果评估系统是利用卫星上的遥感器对打击目标进行实时（准实

时）侦察，并通过地面对侦察信息的实时处理分析评估目标毁伤。遥感器的技术指标是应用信息处理技术的基础，直接影响到导弹毁伤效果评估结果。侦察系统的技术指标如图 2.1 所示。

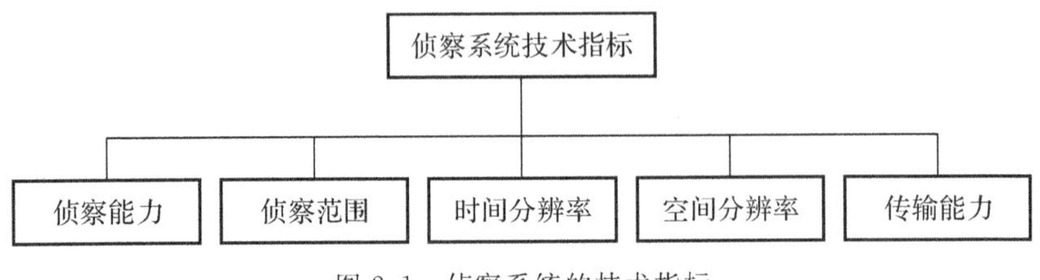

图 2.1　侦察系统的技术指标

（1）侦察能力（波谱范围）

侦察能力是指侦察系统侦察的波谱范围，目前，遥感器的波段选择有可见光、近红外、中远红外、微波等。限于技术因素，当今使用最多的波谱为可见光、可见光近红外波段和微波。可见光和可见光近红外波段由于衍射极限决定了遥感器能够达到较高的地面分辨率，这对尽可能发现、识别、分析更小尺寸的被侦察目标是非常有利的。国内外均把研制发展可见光和可见光近红外遥感器作为获取最高分辨率的手段。

（2）侦察范围

侦察范围是指侦察系统在地理上覆盖的范围。从国家安全的角度出发，导弹毁伤效果评估系统的空间侦察范围应保证能够覆盖重点方向的重要目标地区。在更长远的时期，应能满足对更远距离的重要目标地区的侦察覆盖。

（3）时间分辨率

把获得目标区卫星影像的时间间隔（周期）称为时间分辨率。战时，卫星侦察对时间分辨率的要求主要受卫星数量、轨道高度、变轨能力、敌方毁伤修复能力和作战要求等因素制约。

（4）空间分辨率

空间分辨率，即两个相同的小物体能被区分为两个单独物体时的最小间距，在光电遥感系统中大多用一个像元所对应的地面大小作为其地面像元分辨率，即空间分辨率。这一定义在采用照相胶卷的相机系统中表示为地面分辨率，而扫描装置通常用“瞬时视场”（即像元分辨率）来表示。空间分辨率不仅同遥感器的参数有关，还同卫星的高度有关。根据卫星有效载荷水平发展和要求的不同，采用不同波段的卫星的空间分辨率指标将各不相同。

（5）传输能力

传输能力是描述情报信息从空间侦察系统传输到地面的准确性和实时性的

指标。空间侦察传输系统包括星上数据源的发射设备、无线传输的物理媒体、地面接收设备、链路和有关计算机程序。情报信息传输近实时的同时，还必须保证信息的安全性，以保护高度机密的军事情报信息在对抗中不被对方窃取、篡改甚至破坏，所以保证信息安全传输就自然而然地成为交战双方关注的重点。

3. 遥感毁伤信息的特征

遥感信息的特征主要表现在获取的图像上，如图像所具有的灰度、色彩、边界、结构和纹理等。图像的特征可以分为以下几类，它们从不同的方面反映图像的属性。

(1)幅度特征

由图像像素灰度值、三色值、频谱值等表示的幅度特征是最基本的图像特征。也可以取确定邻域中的平均灰度幅度作为一种相对于所取邻域的振幅特征。

(2)统计特征

把图像看成是一个二维随机过程的一次实现，基于这种理解，不难得到有关图像统计特性的描述。能最全面描述图像统计性质的就是它的统计分布率，经统计处理得到的分布率便是其直方图。

(3)变换系数特征

对于具有唯一性的任何变化，其变换域系数所决定的亮度图像，都和原空间域图像是等价的，因此都可以作为图像的一种特征。将利用实际图像变换系数所确定的亮度图像，与标准图像变换系数所决定的亮度图像进行比较，便能检测出实际图像中所含有的标准图像。

(4)边界特征

一幅没有含噪声的图像中，以灰度为指标时的亮度突变或断续，称为该图像中的亮度边界点。所有边界点的连续，便指示图像中不同对象的边界。因此，边界特征是图像中的最基本特征。

(5)点和线的特征

如果一个小区域的灰度幅值和它的邻域值相比有着明显的差异，那么称这个小区域为一图像点。若在一对相邻边缘中间存在一个窄区域，在该区域中灰度具有相同的振幅特性，则称此区域为线或条。若一块有限面积被一封闭边缘包围，则称为图像区域。点、线和边缘特征的提取方法通常是用模板匹配的方法。

(6)拓扑特征

拓扑是用于研究图形某些性质的学科，只要图形不撕裂或折叠，这些性质将不受图形变形的影响。显然，它们是描述图形总体特性的一种理想描绘。这些拓扑特征包括孔、连接部分、欧拉数。图形拓扑特性在划分区域时可作为一种有用的特征。

(7)纹理特征

在许多类图像中，纹理是一种十分重要的特征。纹理表现为所观察到的图像子区域的灰度变化规律。例如，在遥感图像中，沙漠图像的灰度空间分布性质与森林图像的灰度分布性质有着明显的区别。纹理有三个主要标志：①某种局部的序列性在比该序列更大的区域内不断重复；②序列是由基本部分非随机排列组成的；③各部分大致都是均匀的统一体，在纹理区域内的任何地方都有大致相同的结构尺寸。

(8)矩特征

正如在概率中用随机变量的阶矩代替其分布律来描述该随机变量的统计特征一样，用图像灰度分布的阶矩来描述图像灰度分布的特征，这些特征对于图像的旋转、比例和平移变化都是恒定的。

除以上图像的共同特征以外，毁伤区域的形状特征对毁伤评估具有很重要的作用，如区域的边界周长、区域的面积、区域的形心、区域质心和主轴、区域的外接矩形、区域的 max－min 半径，以及区域形状的圆形度、区域的偏心率、区域的紧凑度、区域形状的复杂度、区域边界的凹率等。

4. 基于遥感毁伤信息特征的目标分类

基于以上遥感信息的特征分析可知，在信息来源方面主要的依据是卫星侦察图像和航空侦察图像，虽然随着科技的发展，卫星侦察与航空侦察能够用更高的空间分辨率从多角度拍摄目标，但是仍然只能从目标的表面获得目标基本的物理毁伤信息。从目标的物理毁伤推导出目标的功能毁伤的过程存在以下两种情况：

1)由目标的表面外形特征信息、属性信息等直观状态信息所表现出来的目标物理毁伤信息就可以直接判断目标的功能毁伤，如桥梁、油罐等。这类目标结构简单并且大部分的目标结构都暴露，空间侦察系统能够从多角度侦察到目标的结构毁伤，并且目标的功能大多由目标的结构所决定。譬如桥梁目标，它的基本功能是车辆的通过功能，梁部受损就会影响到桥梁基本功能的发挥，降低或者丧失功能。这类目标的被侦察到遥感图能够被判断其大部分功能毁伤甚至全部毁伤。这类目标的导弹毁伤效果评估具有很大的共性，所以为了研究方便将此类目标划分为白类目标。

2)由目标物理毁伤信息不可以直接判断目标的功能毁伤，如楼房建筑。这类目标结构比白类目标的结构复杂，功能的发挥与目标的结构关系很少。更多情况是，此类目标的物理结构是保证目标发挥其功能的掩体，其功能的发挥取决于依附在目标物理结构上的设备和人员。这类目标很难从其物理毁伤直接判断出其功能毁伤,更多的要依靠大量的先验实验和数据。这类目标在功能毁伤评估时也存在共性。为了研究方便,将此类目标划分为灰类目标。

上面是对单目标的划分,而系统目标是多个单目标构成的有机整体,子目标遭到毁伤后,整体功能将受到损失。系统目标主要包括两类:一类是由多个单个目标构成,且有新功能的更大目标;另一类是由多个相互关联的子系统构成的目标,如一个炼油厂、一个工业系统等。子目标受到导弹打击后会丧失一定的功能,同时也使系统目标的功能受到减弱或者丧失,因此这类目标的毁伤评估要在完成单目标毁伤评估之后进行。

2.7.3 导弹毁伤效果评估系统的关键技术

导弹毁伤效果评估系统是一个技术密集、专业面广的复杂系统,主要由空间侦察系统、地面应用系统组成,而各个系统又可再细分为若干个分系统或应用部分。导弹毁伤效果评估系统所涉及的关键技术主要包括两部分:满足毁伤效果评估系统要求的星载(机载)和地面装备等硬件技术,满足毁伤效果快速评估要求的信息处理技术。

1. 导弹毁伤效应分析技术

根据不同的目标结构,利用不同战斗部,按照导弹不同的落点、不同的入射角度,用仿真分析计算出对目标的毁伤情况,如毁伤面积、深度等,为毁伤效果仿真研究提供前提。

2. 毁伤效果多谱段特性分析测量技术

通过理论计算、计算机模拟分析、靶场实地实验等方式,测量主要目标被打击前后的可见光、红外、SAR 谱段特性,并进行成像模式分析,以定量研究分析打击日标的谱段特性,验证毁伤效果三维仿真研究的计算结果和成像模拟研究的计算分析结果,为毁伤效果图像处理分析研究提供数据。

3. 毁伤效果三维仿真技术研究

通过建立毁伤效果仿真实验室,对主要导弹战斗部进行主要打击目标毁伤的效果进行仿真分析,结合毁伤效果多谱段分析测量研究结果,验证仿真分析的计算结果,模拟出真实战斗部对不同目标的毁伤效果三维特征,为空间侦察系统提供必要的侦察对象特征,为毁伤效果成像模拟侦察技术研究以及毁伤效果评判标准等其他关键技术的研究奠定基础。

4. 毁伤效果成像模拟侦察识别技术

利用成像模拟实验,模拟遥感器在空间的对地观测成像,进行图像处理与分析方法的研究,在遥感器的设计方案的比较和优化中预测遥感器的设计性能,并为毁伤效果侦察信息的实时判读技术方法研究提供与真实情况具有同样分辨率和几何尺寸的模拟侦察信息。

5.毁伤效果评判准则构建技术

在目标多光谱特性研究和导弹毁伤效果仿真技术研究基础上，结合作战任务、作战目的，建立作战毁伤效果评估的准确量化指标，在此基础上再进一步建立专家知识的目标毁伤差别样本库，为毁伤效果评估总体技术集成提供对目标毁伤程度的评估模块，也为开发自动化评估方法奠定基础。

6.毁伤效果侦察信息的实时处理与分析技术

通过模型理论分析、计算机模拟仿真处理，突破对典型目标毁伤效果图像的实时处理与分析判读技术，结合侦察信息的传输接收技术研究结果，建立毁伤效果的地面接收、处理、分析系统，为导弹毁伤效果评估系统的建立提供总体集成技术和仿真演示技术的集成模块。

2.8 本章小结

本章首先分析了战斗部的种类和毁伤机理，重点分析了毁伤元及其毁伤效应，这是进行毁伤效果评估的基础。其次对导弹毁伤效果评估的分析方法做了探讨性的研究，包括后续涉及的目标损伤分析方法、毁伤指标选取方法和毁伤评估的一般方法等。最后对导弹毁伤效果评估系统进行了总体描述。本章的内容为导弹毁伤效果评估指标体系构建与指标量化计算、导弹毁伤效果评估建模和导弹毁伤效果评估系统的建设打下了基础。

第3章 导弹毁伤效果评估指标分析

3.1 引　　言

毁伤指标的合理选取是客观、合理、全面评价毁伤效果的基础。传统的毁伤效果大多以毁伤概率、相对毁伤长度、相对毁伤面积等指标来衡量。这些指标关注的仅仅是物理层面的效果，往往不能正确反映目标为相互关联的系统或人时的毁伤效果。本章提出以下两种毁伤指标：①针对结构性强并且强调系统总体功能的一类系统目标，以系统失效率作为评价其毁伤效果的指标。②针对人员的进攻或者抵抗意识起关键作用这一类型的软目标，以心理瓦解程度作为评价其毁伤效果的指标。

之所以提出上述两种指标，原因有以下几点：

1）现代基于效果的毁伤突破了歼灭战和消耗战的思维框架，追求以较小的代价在尽可能短的时间内使敌人丧失作战能力；突破了机械化时代的作战模式，将敌方作为一个系统，打重心、打关节，使对方瘫痪；突破了单纯以消灭敌有形力量为主的目标模式，追求维持敌人战斗力的物质力量和精神力量同时瘫痪，而且更加注重心理打击。

2）对系统目标而言，由于目标系统结构上的复杂性、功能上的多样性，在评估其毁伤效果时，再用目标物理毁伤替代目标的功能损伤，显然不尽科学。对系统目标进行毁伤评估，沿用典型目标的毁伤评估方法，其计算出来的数据，仅仅是目标的物理毁伤信息，如何根据目标物理毁伤信息研究对应条件下功能的丧失程度，就成为系统目标毁伤评估的关键所在。

3）系统失效率是针对系统目标而言的，对于系统结构和功能的了解是评估系统失效率的前提。对系统目标的打击方法是选取系统的关键部位（毁伤节点）进行打击，使其丧失功能，导致系统最终瘫痪。

4）对人员的进攻或者抵抗意识起关键作用这一类型的软目标而言，必须把战争中的主体“人”的因素考虑进去，因为战争的最终目的是“掌控敌人和友邦的行为”，单纯地以物理毁伤效果来确定毁伤效果，最终结果往往会与预期目的相去甚远。一个很简单的例子就是不能用同样的手段来对付一支士气低落和一支士气高昂的军队。

需要指出的是，对这两类毁伤指标的评价都是以物理毁伤为基础的。下面首先是对常规导弹的毁伤目标进行分类和定义，然后介绍几种对典型目标的物理毁伤效果评价方法；其次是结合常规导弹具体的打击方式，分别以典型武器系统和装甲集团目标为例来讲述系统失效率和心理瓦解程度的评估方法。

3.2 目标分类

目标分类是进行毁伤指标分析的基础，为了便于讨论，首先对目标进行分类。

3.2.1 一般目标

一般目标可以定义为具有一定的自然形状，与其他目标互不关联，其功能只与本身的形状相关的目标类。在对一般目标进行打击时，只关注其物理毁伤效果。一般目标又可根据其形状特征分为点、线、面三类。

1)点目标一般定义为目标幅员较小，同弹头对目标的毁伤半径相比可以忽略不计的目标，如油库、民用建筑物、飞机库等。

2)线目标一般定义为目标的宽度较小，同弹头对目标的毁伤半径相比可以忽略不计的目标，如道路、机场滑行道、飞机牵引道等。

3)面目标一般定义为除点目标和线目标以外的一般目标，如飞机跑道、密集型装甲集群目标等。

3.2.2 系统目标

在常规导弹的打击目标类群中，系统目标正占据越来越重要的地位。美国空军退役上校约翰·沃登在1986年出版的《空中作战》一书中主张“把敌人看作一个系统或系统的系统”，制服系统应该是控制它和使它瘫痪，而不是消耗和摧毁它，由此可知，控制它和使它瘫痪是对敌系统使用武力所追求的“效果”。沃登认为，任何系统都有五大特点：一是系统的各独立部分共用相同的互动机制；二是系统依靠信息正常运转；三是系统有抵制变化的惰性；四是系统往往反应滞后；五是所有系统的组织方式趋同。

系统目标可以定义为具有一定的结构和功能，由多个一般子目标构成，其功能与子目标之间的逻辑结构相关，整体功能会因子目标的毁伤而受到损伤的目标类。系统目标可以被抽象成由节点和边联结成的网络结构图，子目标是其中的节点，具有逻辑关系的节点之间用边连接。

例如：公路桥梁就可以看成是一个系统目标，它由梁部结构、桥台、桥墩和支座等重要子目标组成，这些关键部件(节点)遭受毁伤，将对桥梁的运输保障能力产生重要影响；导弹武器系统本身也是一个系统目标，一枚导弹的成功发射需要控制、瞄准、指挥等诸系统配合作业才能实现，假设这些子系统当中任何一个遭受毁伤，导弹武器系统就变成了“摆设”。

3.2.3　心理目标

人员的进攻或者抵抗意识起关键作用，目标功能主要由人来实现，这一类型的目标可称为心理目标(或者软目标)。心理目标可以抽象成心理学中的所谓激励点，激励与试图塑造的行为之间就构成一系列的“激励—响应”互动。在基于效果的作战中，对这些点给予一定的激励，以产生谋求的响应或者效果。

例如，指挥大楼可以看成是一个心理目标，因为从指挥大楼里发出的命令、做出的决策都是由人来完成的。也就是说，在指挥大楼作用的发挥过程中，人起到了关键作用，如果指挥大楼里没有“人”，它就成了一栋普通建筑物。

3.3　一般目标物理毁伤指标的分析方法

对于物理毁伤指标的评估分析方法研究，前人已经做了大量的工作，并且在这方面的理论和方法都已经相当成熟，故本书对于物理毁伤指标的评估方法只做简要的介绍，不作为本书研究重点。

3.3.1　目标为点目标的情况

点目标的毁伤效果指标为毁伤概率。

1. 级数法计算毁伤概率的数学模型

假设导弹落点为(x,y)，日标点坐标为(a,b)，导弹瞄准点坐标为(x_0,y_0)，弹着点坐标服从标准偏差为$\sigma_1=\sigma_2=\sigma$的二维正态分布。点目标被毁伤的概率用毁伤函数$d(x,y)$表示，则在单枚导弹攻击时点目标被毁伤的概率为$p=\iint d(x,y)f(x,y)\,\mathrm{d}x\mathrm{d}y$。因此，毁伤函数选用 0－1 毁伤律，即

$$d(x,y)=\begin{cases}0, & (x-a)^2+(y-b)^2>R^2\\1, & (x-a)^2+(y-b)^2\leqslant R^2\end{cases}\tag{3.1}$$

式中：R为导弹的毁伤半径。因此，点目标的毁伤概率为

$$p=\frac{1}{2\pi\sigma^2}\iint\limits_{(x-a)^2+(y-b)^2\leqslant R^2}\mathrm{e}^{-\frac{(x-x_0)^2+(y-y_0)^2}{2\sigma^2}}\mathrm{d}x\mathrm{d}y\tag{3.2}$$

用级数法计算毁伤概率的具体做法如下：

对式(3.2)进行坐标变换,有

$$\left.\begin{aligned} x &= a + r\cos\theta \\ y &= b + r\sin\theta \end{aligned}\right\} \tag{3.3}$$

得

$$p = \frac{1}{2\pi\sigma^2} e^{-\frac{r_0^2}{2\sigma^2}} \int_0^R r e^{-\frac{r^2}{2\sigma^2}} \int_0^{2\pi} e^{\frac{r}{\sigma^2}[(x_0-a)\cos\theta+(y_0-b)\sin\theta]} d\theta dr \tag{3.4}$$

式中:r_0 是瞄准点与目标点的距离,且

$$r_0 = \sqrt{(x_0-a)^2+(y_0-b)^2}$$

再令 $\cos\theta_0 = \dfrac{x_0-a}{r_0}$,$\sin\theta_0 = \dfrac{y_0-b}{r_0}$,则有

$$\int_0^{2\pi} e^{\frac{r}{\sigma^2}[(x_0-a)\cos\theta+(y_0-b)\sin\theta]} d\theta = \int_0^{2\pi} e^{\frac{rr_0\cos(\theta-\theta_0)}{\sigma^2}} d\theta = \int_0^{2\pi} e^{\frac{rr_0\cos\theta}{\sigma^2}} d\theta$$

又由第一类变形贝塞尔函数积分表达式 $I_0(x) = \dfrac{1}{2\pi}\int_0^{2\pi} e^{x\cos\theta} d\theta$,可知

$$p = \frac{1}{\sigma^2} e^{-\frac{r_0^2}{2\sigma^2}} \int_0^R r e^{-\frac{r^2}{2\sigma^2}} I_0\left(\frac{rr_0}{\sigma^2}\right) dr = \sum_{k=0}^{\infty} f_k g_k \tag{3.5}$$

式中:

$$f_0 = e^{-\frac{r_0^2}{2\sigma^2}}, \quad g_0 = 1 - e^{-\frac{R^2}{2\sigma^2}} \tag{3.6}$$

$$\left.\begin{aligned} f_k &= \frac{r_0^2}{2\sigma^2} \cdot \frac{f_{k-1}}{k} \\ g_k &= g_{k-1} - \frac{1}{k!}\left(\frac{R^2}{2\sigma^2}\right)^k e^{-\frac{R^2}{2\sigma^2}} \end{aligned}\right\} \tag{3.7}$$

其误差为

$$\Delta P = P(R/\sigma, r_0/\sigma) - \sum_{k=0}^{n} f_k g_k < \frac{\lambda_0}{n+1-\lambda_0} f_n g_n$$

式中:$\lambda_0 = \dfrac{r_0^2}{2\sigma^2}$。

2.计算步骤

1)输入参数,包括导弹落点坐标(x,y),目标点坐标(a,b),导弹瞄准点坐标(x_0,y_0),弹着点偏差 σ,导弹毁伤半径 R,给定误差值 P_0。

2)计算瞄准点与目标点的距离 r_0 以及 f_0、g_0。

3)设置计数器 i,并取 $i=0$。

4)$i=i+1$。

5)计算 f_i、g_i 以及误差 ΔP。其中:

$$f_i = \frac{r_0^2}{2\sigma^2}\frac{f_{i-1}}{i}, \quad g_i = g_{i-1} - \frac{1}{i!}\left(\frac{R^2}{2\sigma^2}\right)^i e^{-\frac{R^2}{2\sigma^2}}, \quad \Delta P = \frac{\lambda_0}{i+1-\lambda_0} f_i g_i$$

若 $\Delta P \leqslant P_0$，输出 i 值，反之，转至步骤 4)。

6) 根据 i 值计算毁伤概率 p。其中 $p=\sum_{k=0}^{i} f_k g_k$。

3.3.2　目标为线目标的情况

线目标的毁伤效果指标为平均相对毁伤长度。其计算式为

$$u=\frac{1}{2\sigma^2}\int_{-L}^{L}\exp\left[-\frac{1}{2}\left(\frac{x}{\sigma}\right)^2\right]\int_{0}^{\frac{R}{\sigma}} r\exp\left(-\frac{r^2}{2\sigma^2}\right)I_0\left(\frac{xr^2}{\sigma^2}\right)\mathrm{d}r\mathrm{d}x \tag{3.8}$$

式中：u 为单枚导弹对线目标的平均相对毁伤长度；L 为目标长度的一半；R 为导弹的毁伤半径；σ 为导弹武器射击的均方根偏差。

3.3.3　目标为面目标的情况

面目标的毁伤效果指标为平均相对毁伤面积。

1. 计算相对毁伤面积的数学模型

如图 3.1 所示，以矩形面目标 $ABCD$ 的中心 O 为坐标原点建立直角坐标系 Oxy，x、y 轴分别平行于矩形面目标 $ABCD$ 的长、短边。设长边 BC 长为 $2L_{2x}$，短边 CD 长为 $2L_{2y}$，导弹命中点 O_d 坐标为 (X,Y)，方形 $A_\mathrm{d}B_\mathrm{d}C_\mathrm{d}D_\mathrm{d}$ 为导弹等效毁伤区域。

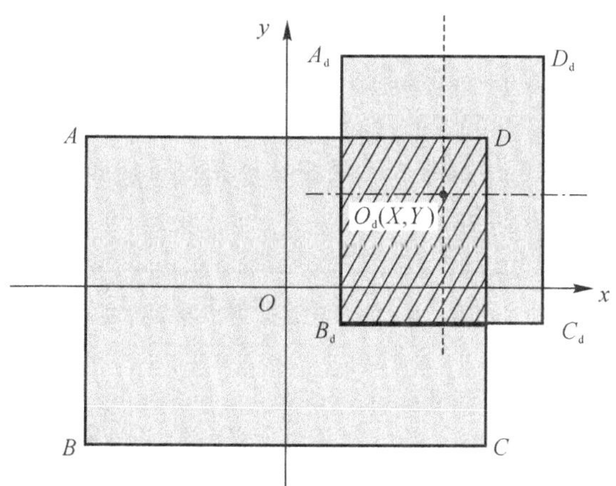

图 3.1　对矩形面目标相对毁伤面积的确定

导弹等效毁伤区域在 x 轴和 y 轴两个方向覆盖矩形面目标的相对长度 L_x、L_y 分别与 X、Y 之间的关系为

$$L_x=\begin{cases}0, & X\in(-\infty,-L_{1x}-L_{2x})\text{或}X\in(L_{1x}+L_{2x},+\infty)\\ \dfrac{L_{1x}+L_{2x}+X}{2L_{2x}}, & X\in(-L_{1x}-L_{2x},-|L_{2x}-L_{1x}|)\\ \min\left(\dfrac{L_{1x}}{L_{2x}},1\right), & X\in(-|L_{2x}-L_{1x}|,|L_{2x}-L_{1x}|)\\ \dfrac{L_{1x}+L_{2x}-X}{2L_{2x}}, & X\in(|L_{2x}-L_{1x}|,L_{2x}+L_{1x})\end{cases}\tag{3.9}$$

$$L_y=\begin{cases}0, & Y\in(-\infty,-L_{1y}-L_{2y})\text{或}Y\in(L_{1y}+L_{2y},+\infty)\\ \dfrac{L_{1y}+L_{2y}+Y}{2L_{2y}}, & Y\in(-L_{1y}-L_{2y},-|L_{2y}-L_{1y}|)\\ \min\left(\dfrac{L_{1y}}{L_{2y}},1\right), & Y\in(-|L_{2y}-L_{1y}|,|L_{2y}-L_{1y}|)\\ \dfrac{L_{1y}+L_{2y}-Y}{2L_{2y}}, & Y\in(|L_{2y}-L_{1y}|,L_{2y}+L_{1y})\end{cases}\tag{3.10}$$

单发弹对矩形面目标的相对毁伤面积 S(即图中阴影部分的面积与面目标总面积之比)为

$$S=L_x\cdot L_y\tag{3.11}$$

多发弹独立射击面目标时,设瞄准点分别为(x_{Oi},y_{Oi}),则相对毁伤面积定义为

$$S_n=1-\prod_{i=1}^{n}[1-S_{ni}(x_{Oi},y_{Oi})]\tag{3.12}$$

式中:S_{ni} 表示 n 发中的第 i 发导弹射击目标时相对毁伤面积。

2.计算步骤

以整体杀爆弹为例,用蒙特·卡洛法计算相对毁伤面积的具体步骤如下:

步骤1:确定瞄准点坐标。

由于整体杀爆弹毁伤目标时采取近地爆的方式以提高毁伤效果,瞄准点与毁伤面不在同一个平面内,为了简化计算,取瞄准点 O 在毁伤面内的投影点坐标为 $O_a(x_a,y_a)$。

步骤2:产生导弹爆炸点坐标。

同样,为了简化计算,先确定导弹爆炸点(相当于导弹命中点)O_d 在毁伤平面内的投影点坐标。设为

$$\left.\begin{aligned}x_i&=x_{i0}+0.84\times \mathrm{CEP}_i\times\sqrt{-2.0\ln\nu_1}\cos(2\pi\nu_2)\\ y_i&=y_{i0}+0.84\times \mathrm{CEP}_i\times\sqrt{-2.0\ln\nu_1}\sin(2\pi\nu_2)\end{aligned}\right\}\tag{3.13}$$

式中:CEP 为圆概率误差;ν_1、ν_2 为服从[0,1]均匀分布的随机数;$\sqrt{-2.0\ln\nu_1}\cos(2\pi\nu_2)$、$\sqrt{-2.0\ln\nu_1}\sin(2\pi\nu_2)$服从标准正态分布 $N(0,1)$的随

机数。

步骤 3:确定毁伤面。

第一步:计算等效矩形毁伤区域的长和宽,$L_{1x}=L_{1y}=\dfrac{\sqrt{\pi}\times\sqrt{R_b^2-H^2}}{2}$,$H$ 表示最优爆高,R_b 为威力球体的毁伤半径;

第二步:再根据式(3.9)和式(3.10)确定导弹等效毁伤区域在 x 轴和 y 轴两个方向覆盖矩形面目标的相对长度 L_x、L_y。

步骤 4:计算相对毁伤面积。

第一步:确定单发弹对矩形面目标的相对毁伤面积 S,$S=L_x\cdot L_y$;

第二步:确定多发弹独立射击面目标时[设瞄准点分别为(x_{Oi},y_{Oi})]的相对毁伤面积,有

$$S_n=1-\prod_{i=1}^{n}[1-S_{ni}(x_{Oi},y_{Oi})]$$

第三步:进行至少 1 000 次的仿真计算,S_n 为 1 000 次仿真计算的平均值。

3.3.4　计算示例

某装甲类矩形面目标 $ABCD$ 的长边 BC 长为 $2L_{2x}$,等于 3 000 m;短边 CD 长为 $2L_{2y}$,等于 200 m。用某型号导弹 10 枚进行打击,其对装甲类目标打击时的最优爆高 $H=60$ m,瞄准点坐标见表 3.1。

表 3.1　瞄准点坐标表　　单位:m

导弹序号	1	2	3	4	5	6	7	8	9	10
横坐标	−1 350	−1 050	−750	−450	−150	150	450	750	1 050	1 350
纵坐标	0	0	0	0	0	0	0	0	0	0

当子目标具体位置未知时,可将装甲目标群看作一个具有一定形状的面目标,一般情况下,将其近似看成矩形目标。因此,其毁伤概率可以平均相对毁伤面积为毁伤效果指标来进行计算。为简化起见,把导弹圆形毁伤区域按面积相等原理等效为长和宽相等的矩形。等效计算式为

$$L_{1x}=L_{1y}=\frac{\sqrt{\pi}R}{2} \tag{3.14}$$

式中:L_{1x}、L_{1y} 分别为等效矩形毁伤区域的长、宽的一半。

假设杀爆弹毁伤区域用符号 S 表示,根据经验公式计算:

$$S=\pi(R_b^2-H^2) \tag{3.15}$$

如图 3.2 所示，其中阴影部分为面目标毁伤区域。又因为有 $S \approx \pi R^2$，所以

$$R = \sqrt{R_b^2 - H^2} \tag{3.16}$$

运用 3.3.3 节中的方法计算不同 CEP 和不同毁伤半径 R_b 下的相对毁伤面积 S。模拟次数为 1 000 次。

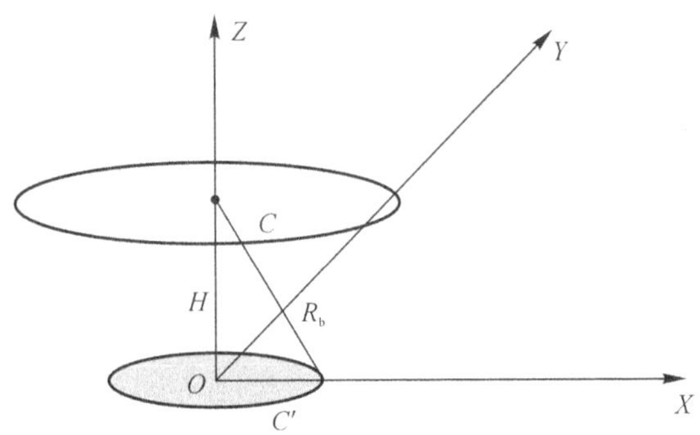

图 3.2　杀爆弹在最优爆高点爆炸时对面目标的毁伤示意图

通过编制 MATLAB 程序求得表 3.2 和表 3.3 的结果。

表 3.2　不同 CEP 下的相对毁伤面积(毁伤半径 R_b＝300 m)

CEP/m	50	100	150	200	250	300	350	400	450	500
S/m^2	0.838 0	0.834 7	0.816 1	0.780 8	0.735 1	0.689 4	0.645 0	0.596 6	0.564 1	0.522 9

表 3.3　不同 R_b 下的相对毁伤面积(CEP＝50 m)

R_b/m	100	150	200	250	300	350	500	650	800	950
S/m^2	0.267 2	0.537 8	0.687 4	0.775 8	0.838 0	0.883 8	0.959 4	0.986 1	0.995 8	0.998 8

由以上示例可以看出：在毁伤半径确定的情况下，CEP 的变化对毁伤效果有很大影响；对固定的母弹精度值，毁伤半径存在一定的最优区间。由此可见，①对于不同的目标，弹种和战斗部的选择很重要；②CEP 和毁伤半径都存在一定的优化区间。

3.4　系统目标失效率的分析方法

随着地地常规导弹武器作战效能的不断提高，目标打击范围的不断拓展，在地地常规导弹武器的打击目标类群中，系统目标正占据越来越重要的地位。系

统失效率是针对系统目标而言的，对于系统结构和功能的了解是评估系统失效率的前提，对系统型目标的打击方法是选取系统的关键部位（毁伤节点）进行打击，使其丧失功能，导致系统最终瘫痪。由于系统的多样性和复杂性，对于不同的系统，计算系统失效率的方法也不尽一样。本节首先介绍评估系统失效率的一般方法和一般步骤，然后以典型武器系统为例，评估、分析其系统失效率。

3.4.1　系统目标失效率评估分析的一般方法

评估系统失效率的总体思路是分解—转换—综合。①分解：按从上往下的原则对目标系统进行分解，直到分解成基本毁伤事件，并确定关键子目标。②转换：根据一定的弹目条件，选取毁伤效果指标，计算子目标物理毁伤效果，并按一定的映射关系，转换成对应条件下的效能值。③综合：根据系统的结构特点，构造结构函数，按从下往上的原则对各子系统的效能进行综合，最后得到目标系统的基于物理毁伤的效能量化模型。

3.4.2　评估系统目标失效率的一般步骤

评估系统失效率一般要经过以下几个典型步骤：

1）确定目标系统的功能和系统结构；

2）提取与目标毁伤相关的关键部位；

3）将目标系统离散成具有规则形体的典型目标，其毁伤效果指标按典型目标进行选取；

4）根据目标的作战使命，运用成熟的效能建模技术，建立基于物理毁伤的效能量化模型，并建立子目标物理毁伤与目标效能间的映射关系；

5）根据系统目标功能结构特点，构造结构函数，综合得到基于毁伤的目标整体效能衰减函数，并建立系统目标的整体效能与目标毁伤效果之间的映射关系。

3.4.3　评估典型军事作战系统失效率的方法

在现代作战中互不相连的单兵作战系统已经非常罕见，一般的军事作战系统功能的发挥都是指控系统通过信息传输子系统发送命令，射手根据以网络为中心的侦测子系统的侦察结果操作火力子系统执行指控系统的命令来实现的。信息通道是指控系统的血脉，指控系统是心脏，而军事作战系统功能的最终体现就是指控系统的命令能够被射手执行。因此，军事作战系统的失效，主要就体现在射手没有可执行的命令上。

1. 构建目标模型

拟将军事作战系统简化为由若干节点和边连接的网络图，拟攻击的所有单个子目标为图中的节点，图中两点之间对应一定的长度，这个长度用相关度来衡量，相关度大于一定值的顶点之间可用边连接。这样就生成了一个目标网络图。

子目标之间的相关度可用以下两个指标来衡量：

C_1：信息交换频率因子。子目标之间的信息交换越频繁，表明二者之间的相关性越紧密，此指标属于效益型指标，有

$$C_{1ij}=\frac{c'_{1ij}-c_{1\min}}{c_{1\max}-c_{1\min}}$$

式中：C_{1ij} 表示子目标 i、j 之间信息交换频率因子；c'_{1ij} 表示子目标 i、j 之间信息交换的频率；$c_{1\max}$ 表示两目标之间信息交换的最高频率；$c_{1\min}$ 表示两目标之间信息交换的最低频率。

C_2：距离因子。子目标之间的实际距离远，子目标之间的相关度就会有一定程度的下降，此指标属于成本型指标，有

$$C_{2ij}=\frac{c_{2\max}-c'_{2ij}}{c_{2\max}-c_{2\min}}$$

式中：C_{2ij} 表示子目标 i、j 的距离因子；c'_{2ij} 表示子目标 i、j 之间的距离；$c_{2\max}$ 表示两子目标之间的最大距离；$c_{2\min}$ 表示两子目标之间的最小距离。

子目标 i、j 之间的相关度 C_{ij} 可以按如下公式进行计算：

$$C_{ij}=\lambda_1 C_{1ij}+\lambda_2 C_{2ij} \tag{3.17}$$

式中：λ_1、λ_2 表示指标权重。

相关度矩阵的表达方式如下：

$$\boldsymbol{C}=\begin{bmatrix} c_{11} & c_{12} & \cdots & c_{1n} \\ c_{21} & c_{22} & \cdots & c_{2n} \\ \vdots & \vdots & & \vdots \\ c_{n1} & c_{n2} & \cdots & c_{nn} \end{bmatrix}$$

注：当 $i=j$ 时，$c_{ij}=0$。

2. 确定毁伤原则

在生成的目标网络图中，将军事作战系统的指挥控制中心作为系统目标网络图的源，因为它的信息占有量最大；将信息传输的终点作为目标网络图的汇，一般是直接执行作战任务的射手。由于目标网络图中的源与汇是敌方保护的重点，隐蔽性、机动性和短时间内重新发挥效能的可能性都相对较大，不易攻击，因此，在对系统目标进行毁伤时不应该直接对源和汇进行打击，而应该不断地按照一定原则选择源和汇之间的节点（子目标）进行打击，等价于从目标网络图中剔除掉源和汇之间的边，最终使源和汇之间不连通，相当于射手接收不到可执行的任务，即敌方的军事作战系统的连通性被破坏，并且尽可能地延长其恢复通路的

时间。

由于相关性还可以表征子目标之间连通链路遭破坏后两者之间恢复连通的难度，相关性越强恢复难度越大，恢复时间也越长，再结合追求的作战效益，常规导弹对军事作战系统目标的毁伤原则可定为：①毁伤以源为起点的目标链；②目标链相关度总和尽可能大；③使源和汇最终不连通。

3. 确定毁伤节点

由上述原则选出来的目标链是目标生成网络中的最大相关度流，再考虑连通性的判断，故可以综合运用最短路径-最大流算法以及图的连通性判断算法来进行毁伤节点(子目标)的优选。最短路径-最大流理论的求解过程是对单一源点到单一汇点进行的，目标优选问题有可能涉及多个源点和多个汇点，这就需要分别确定一点作为单源和单汇。

由于与某一节点(子目标)相连边的相关度总和可以在一定程度上反映该节点(子目标)在系统目标中的重要程度，因此可规定每次循环运算的开始时，以图中相连边相关度和最大的子目标作为源点，以图中相连边权和最小的子目标作为汇点。

为了最终保证源和汇之间不连通，可用如下算法来确定毁伤节点：

1) 确定单源和单汇，$C_{源}=\max\left(\sum_{j=1}^{n_i}c_{ij}\right)$，$C_{汇}=\min\left(\sum_{i=1}^{n_j}c_{ij}\right)$ $(j,i=1,2,\cdots,n)$，其中 n 表示系统目标网络图中的总节点数，n_i、n_j 分别表示与子目标 i、j 相连的边数；

2) 寻找源和汇之间的最大相关度流，根据攻击导弹数确定在这条边上的毁伤节点(源和汇不作为选择节点)；

3) 剔除掉上述打击点以及与其相连的边，再判断源与汇之间的连通性；

4) 重复步骤2)、步骤3)，直至源与汇之间不连通时，剔除掉该源和该汇；

5) 寻找新的源点和汇点，重复步骤2)～4)，当 $\max\left(\sum_{j=1}^{n}c_{ij}\right)\leqslant\min(C_{源})$，$\min\left(\sum_{i=1}^{n}c_{ij}\right)\geqslant\max(C_{汇})$ 时停止，即不再存在适合作为源和汇的子目标，可认为所有的源和汇之间不再存在可连通的路径，此时可认为该系统目标失效。

4. 计算系统失效率

系统失效率的计算是以毁伤节点的物理毁伤效果值为基础进行的，假设选定了 k 个毁伤节点，常规导弹对每个节点进行打击时毁伤概率为 $p_i(i=1,2,\cdots,k)$，则系统失效率 P_{lose} 的计算公式为

$$P_{\mathrm{lose}}=1-\prod_{i=1}^{k}(1-p_i) \tag{3.18}$$

3.4.4 计算示例

假设某一军事作战系统由 10 个子系统(子目标)组成,经专家评定,信息交换频率因子的权重 λ_1 为 0.80,距离因子的权重 λ_2 为 0.20,当两个子系统之间相关度大于 0.50 时,认为可用边连接,$\min(C_{源})=3.00$,$\max(C_{汇})=1.30$,常规导弹对 10 个子系统的毁伤概率见表 3.4。

表 3.4 导弹对子系统的毁伤概率表

子系统	S1	S2	S3	S4	S5	S6	S7	S8	S9	S10
p_i	0.10	0.25	0.65	0.80	0.20	0.30	0.10	0.55	0.05	0.45

两两子系统之间的信息交换频率因子和距离因子的值见表 3.5 和表 3.6。

表 3.5 子系统之间的信息交换频率因子

子系统	S1	S2	S3	S4	S5	S6	S7	S8	S9	S10
S1	0	0.10	0.15	0.20	0.15	0.20	0.70	0.40	0.40	0.10
S2	0.10	0	0.20	0.25	0.35	0.15	0.40	0.80	0.50	0.35
S3	0.15	0.20	0	0.15	0.50	0.15	0.60	0.25	0.65	0.20
S4	0.20	0.25	0.15	0	0.60	0.15	0.45	1.0	0.20	0.20
S5	0.15	0.35	0.50	0.60	0	0.45	0.60	0.55	0.35	0.90
S6	0.20	0.15	0.15	0.15	0.45	0	0.65	0.20	0.75	0.35
S7	0.70	0.40	0.60	0.45	0.60	0.65	0	0.35	0.80	0.40
S8	0.40	0.80	0.25	1.0	0.55	0.20	0.35	0	0.45	0.55
S9	0.40	0.50	0.65	0.20	0.35	0.75	0.80	0.45	0	0.70
S10	0.10	0.35	0.20	0.20	0.90	0.35	0.40	0.55	0.70	0

表 3.6 子系统之间的距离因子

子系统	S1	S2	S3	S4	S5	S6	S7	S8	S9	S10
S1	0	0.10	0.15	0.20	0.15	0.20	0.70	0.40	0.40	0.10
S2	0.10	0	0.20	0.25	0.35	0.15	0.40	0.80	0.50	0.35

续表

子系统	S1	S2	S3	S4	S5	S6	S7	S8	S9	S10
S3	0.15	0.20	0	0.15	0.50	0.15	0.60	0.25	0.65	0.20
S4	0.20	0.25	0.15	0	0.60	0.15	0.45	1.0	0.20	0.20
S5	0.15	0.35	0.50	0.60	0	0.45	0.60	0.55	0.35	0.90
S6	0.20	0.15	0.15	0.15	0.45	0	0.65	0.20	0.75	0.35
S7	0.70	0.40	0.60	0.45	0.60	0.65	0	0.35	0.80	0.40
S8	0.40	0.80	0.25	1.0	0.55	0.20	0.35	0	0.45	0.55
S9	0.40	0.50	0.65	0.20	0.35	0.75	0.80	0.45	0	0.70
S10	0.10	0.35	0.20	0.20	0.90	0.35	0.40	0.55	0.70	0

步骤 1:根据式(3.17),求得相关度矩阵为

$$
\boldsymbol{C}=\begin{bmatrix}
0 & 0.1000 & 0.1500 & 0.2000 & 0.1500 & 0.2000 & 0.7000 & 0.4000 & 0.4000 & 0.1000 \\
0.1000 & 0 & 0.2000 & 0.2500 & 0.3500 & 0.1500 & 0.4000 & 0.8000 & 0.5000 & 0.3500 \\
0.1500 & 0.2000 & 0 & 0.1500 & 0.5000 & 0.1500 & 0.6000 & 0.2500 & 0.6500 & 0.2000 \\
0.2000 & 0.2500 & 0.1500 & 0 & 0.6000 & 0.1500 & 0.4500 & 1.0000 & 0.2000 & 0.2000 \\
0.1500 & 0.3500 & 0.5000 & 0.6000 & 0 & 0.4500 & 0.6000 & 0.5500 & 0.3500 & 0.9000 \\
0.2000 & 0.1500 & 0.1500 & 0.1500 & 0.4500 & 0 & 0.6500 & 0.2000 & 0.7500 & 0.3500 \\
0.7000 & 0.4000 & 0.6000 & 0.4500 & 0.6000 & 0.6500 & 0 & 0.3500 & 0.8000 & 0.4000 \\
0.4000 & 0.8000 & 0.2500 & 1.0000 & 0.5500 & 0.2000 & 0.3500 & 0 & 0.4500 & 0.5500 \\
0.4000 & 0.5000 & 0.6500 & 0.2000 & 0.3500 & 0.7500 & 0.8000 & 0.4500 & 0 & 0.7000 \\
0.1000 & 0.3500 & 0.2000 & 0.2000 & 0.9000 & 0.3500 & 0.4000 & 0.5500 & 0.7000 & 0
\end{bmatrix}
$$

步骤 2:根据假设和相关度矩阵,可构建如下目标模型,如图 3.3 所示。

步骤 3:根据假设及 3.4.3 节中的算法,编制 MATLAB 程序进行运算,可得到表 3.7 的结果。

表 3.7　仿真结果表

攻击序数	源	汇	毁伤节点	毁伤概率
1	S9	S1	S3、S6	0.775
2	S7	S2	S8	0.55

步骤 4:根据系统失效率 P_{lose} 的计算公式[见式(3.18)],可以得到该军事作战系统的失效率为

$$P_{lose}=0.6513$$

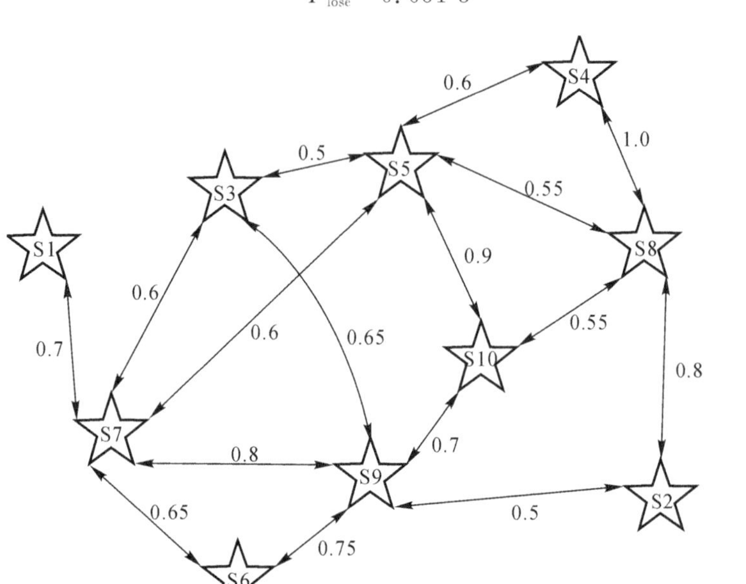

图 3.3　系统目标模型

3.5　心理目标瓦解程度的分析方法

心理瓦解程度(Psy-collapse-degree)是针对人员的进攻或者抵抗意识起关键作用这一类型软目标而言的。毁伤效果，即心理瓦解程度，与敌方部队的素质、士气和他们感知到继续战斗的理由等因素息息相关。在评估心理瓦解程度的因素中，既有我方因素，又有敌方因素，既有可控因素，又有不可控因素。这些因素对心理瓦解程度的影响均有相当程度的模糊性和随机性，难以进行绝对的度量。鉴于此，本节拟采用模糊综合评判的方法实现心理瓦解程度的评估。

3.5.1　心理瓦解程度评价指标的确定

研究人员根据以往的战斗、回忆录、采访和理论学说，建立起了一个反映进攻部队素质、士气、感知到继续战斗理由以及毁伤程度之间关系的简单定性模型(见表 3.8)。

表 3.8　从概率角度估算最可能毁伤度的简单定性模型

进攻部队的素质	士气	感知到继续战斗的理由	最小	最可能毁伤程度	最大
甚好	甚好	不相关	0.5	0.75	1
甚好	好	≥临界值	0.25	0.5	0.75
甚好	好	差或甚差	0.125	0.25	0.375
甚好	<好	≤差	0.05	0.1	0.2

表 3.8 中最可能毁伤程度指装甲战斗车辆的部分损失，在蒙受这种损失的情况下部队将会解体。该表聚焦于四个关键因素，理论表明这四个变量可能将决定心理瓦解程度的确定：物理毁伤效果；进攻部队的素质；部队的士气；他们看到如果停止战斗，通过拖延行动、逃跑或者只进行象征性的战斗并且一有机会即投降，可以更好地生存。

因此，本章拟以上述四个因素作为心理瓦解程度的评价指标，即物理毁伤效果 v_1、部队的素质 v_2、部队的士气 v_3 以及感知到继续战斗的理由 v_4。

3.5.2　心理瓦解程度评估分析的模糊综合评判模型

(1)评判等级集合的确定

可将心理瓦解程度划分为五个等级——低、较低、一般、较高、高，分别用Ⅰ、Ⅱ、Ⅲ、Ⅳ、Ⅴ来表示，这样得到评判等级集合

$$V=\{Ⅰ、Ⅱ、Ⅲ、Ⅳ、Ⅴ\}$$

评判等级与心理瓦解程度的对应关系见表 3.9。表中所列概率值实际是评判等级的量化指标或者分级标准。

表 3.9　评判等级的量化指标

评判等级	Ⅰ	Ⅱ	Ⅲ	Ⅳ	Ⅴ
心理瓦解程度	0.2 以下	0.21～0.4	0.41～0.6	0.61～0.8	0.8 以上

(2)评判因素子集的确定

根据 3.5.1 节的分析，影响心理瓦解程度的四个因素如下：

1) 物理毁伤效果 v_1。根据计算，用[0,1]上的某个值表示该因素，一般情况下物理毁伤效果越好，对敌心理的影响越大，也就越容易使部队瓦解。

2) 部队的素质 v_2。对于部队的整体素质，可通过部队机动时机动速度和整体队形保持的完整度来评估。本课题考虑用一个对部队机动时机动速度和整体

队形保持的完整度经过标准化处理的加权和来表示敌人的素质，故可将部队的素质 v_2 设置为[0,1]之间的一个值。部队的推进速度保持得越接近于最佳推进速度，说明该部队的素质越好；机动时队形保持得越完整，也说明该部队的素质越好。这进一步说明，部队的素质越好，也就越难对该部队进行瓦解。

3）部队的士气 v_3。任何一支部队都是由单个的个体——人组成的，一支部队的士气也是多个个体精神状态的整体体现。一般情况下，进攻方对对手的素质都会有一个大致的了解，故可用[0,1]上的某个值表示该因素。该值越大，表示部队士气越高；该值越小，表示部队士气越低。这进一步说明，部队的士气越高，也就越难对该部队进行瓦解。

4）感知到继续战斗的理由 v_4。对手感知到继续战斗的理由与战场态势的变化、对手的素质和士气等因素都有关系，量化起来非常复杂。为了简化起见，本课题考虑用一个与战场态势的变化、敌人的素质和士气有关的加权和来表示对手感知到继续战斗的理由，故可将 v_4 设置为[0,1]中的一个值。数值越大表示对手感知到继续战斗的理由越充足，反之则反。这进一步说明，部队感觉到继续战斗的理由越充足，也就越难对该部队进行瓦解。

（3）心理瓦解程度的二级模糊综合评判模型

根据评判因素的不同属性，可将评判因子划分为两个子集，即

$$V_1=\{v_1\}$$

$$V_2=\{v_2,v_3,v_4\}$$

式中：V_1 反映物理因素对心理瓦解程度的影响；V_2 反映心理因素对心理瓦解程度的影响。

据此，可以建立心理瓦解程度的二级模糊综合评判模型。

第一级分别对在 V_1、V_2 两个因素子集中同因素影响下的心理瓦解程度进行评判，模型为［取 $M(\cdot,+)$］，则

$$\underset{\sim 1}{\boldsymbol{B}}=\underset{\sim 1}{A}*\underset{\sim 1}{\boldsymbol{R}} \tag{3.19}$$

$$\underset{\sim 2}{\boldsymbol{B}}=\underset{\sim 2}{A}*\underset{\sim 2}{\boldsymbol{R}} \tag{3.20}$$

式中：$\underset{\sim 1}{A}$、$\underset{\sim 2}{A}$ 分别为 V_1、V_2 中的评判因素权重集，是评判因素集 V 的模糊子集，$\underset{\sim 1}{\boldsymbol{R}}$、$\underset{\sim 2}{\boldsymbol{R}}$ 分别为 V_1、V_2 与评判等级集合 V 之间的模糊关系矩阵，其形式为

$$\underset{\sim 1}{\boldsymbol{R}}=[r_{1,1}\quad r_{1,2}\quad r_{1,3}\quad r_{1,4}\quad r_{1,5}]$$

$$\underset{\sim 2}{\boldsymbol{R}}=\begin{bmatrix} r_{21,1} & r_{21,2} & r_{21,3} & r_{21,4} & r_{21,5} \\ r_{22,1} & r_{22,2} & r_{22,3} & r_{22,4} & r_{22,5} \\ r_{23,1} & r_{23,2} & r_{23,3} & r_{23,4} & r_{23,5} \end{bmatrix}$$

$\underset{\sim 1}{\boldsymbol{B}}$、$\underset{\sim 2}{\boldsymbol{B}}$ 分别为对应于 V_1、V_2 的心理瓦解程度的一级评判结果，它们均为评判

等级集合 V 上的模糊子集。

在一级评判的基础上，作二级综合评判，其模型为

$$\underset{\sim}{\boldsymbol{B}}=\underset{\sim}{A} * \begin{bmatrix}\underset{\sim}{\boldsymbol{B}_1}\\ \underset{\sim}{\boldsymbol{B}_2}\end{bmatrix} \tag{3.21}$$

式中：$\underset{\sim}{A}$ 为 V_1、V_2 这两类评判因素的权重集，即将 V_1、V_2 这两个因素子集视为 V 中两个集合元素各自的权重；$\underset{\sim}{\boldsymbol{B}}$ 为总的评判结果。

3.5.3　模糊关系矩阵的确定

确定模糊关系矩阵 $\underset{\sim 1}{\boldsymbol{R}}$、$\underset{\sim 2}{\boldsymbol{R}}$ 就是要确定矩阵元素 $r_{i,j}$，而 $r_{i,j}$ 就是只考虑评判因素 $v_i(i=1,2,3,4)$ 时心理瓦解程度对评判等级 $j(j=1,2,\cdots,5)$ 的隶属度 $\mu_{ij}(v_i)$，这样问题转化为求评判因素对评判等级的隶属度。

评判因素 $v_i(i=1,2,3,4)$ 相对于 Ⅰ、Ⅱ、Ⅲ、Ⅳ 这 4 个等级的隶属函数可取为正态分布，形式为

$$\mu_{ij}(v_i)=\exp\left[-\left(\frac{v_i-m_{ij}}{\sigma_{ij}}\right)^2\right]\quad i=1,2,3,4;j=1,2,3,4 \tag{3.22}$$

式中：m_{ij} 为第 i 个因素 $v_i(i=1,2,3,4)$ 对第 j 个等级的统计值的平均值；σ_{ij} 为第 i 个因素 $v_i(i=1,2,3,4)$ 对第 j 个等级的统计值的均方差。

但是，v_i 对评判等级为 5 的隶属函数则不能视为正态分布，应另行确定。评判因素 $v_i(i=1,2,3,4)$ 可分为两类，一类是因素值与心理瓦解程度成正比的因素，另一类是因素值与心理瓦解程度成反比的因素。对于第一类因素，其对等级 Ⅴ 的隶属函数可取升半岭型分布；对于第二类评判因素，其对等级 Ⅴ 的隶属函数可取降半岭型分布。这两种分布的图像如图 3.4 和图 3.5 所示，其隶属函数式如下：

升半岭型分布（适用于 v_1）：

$$\mu_{ij}(v_i)=\begin{cases}0, & 0<v_i<a_i\\ \dfrac{1}{2}+\dfrac{1}{2}\sin\dfrac{\pi}{b_i-a_i}\left(v_i-\dfrac{a_i+b_i}{2}\right), & a_i<v_i<b_i\\ 1, & v_i>b_i\end{cases} \tag{3.23}$$

降半岭型分布（适用于 v_2、v_3、v_4）：

$$\mu_{ij}(v_i)=\begin{cases}1, & 0<v_i<a_i\\ \dfrac{1}{2}-\dfrac{1}{2}\sin\dfrac{\pi}{b_i-a_i}\left(v_i-\dfrac{a_i+b_i}{2}\right), & a_i<v_i<b_i\\ 0, & v_i>b_i\end{cases} \tag{3.24}$$

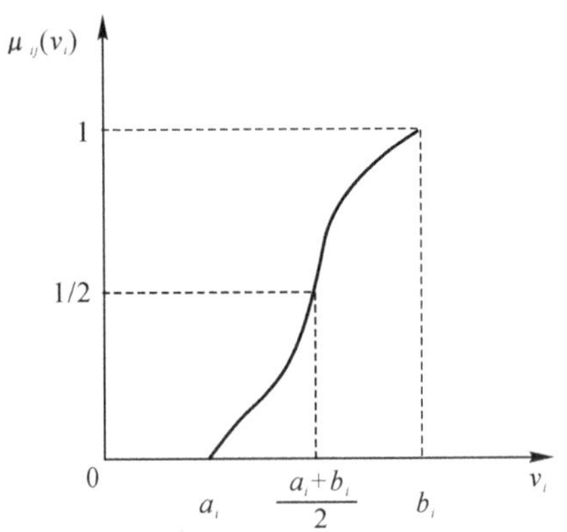

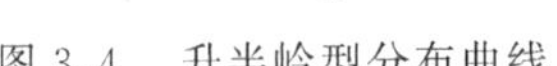
图 3.4　升半岭型分布曲线

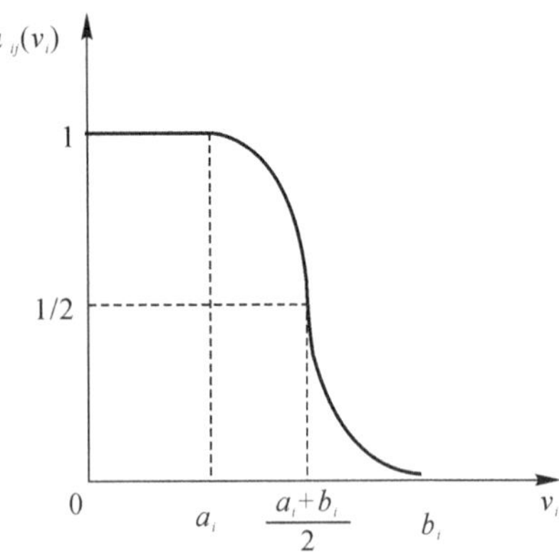

图 3.5　降半岭型分布曲线

假定对于同一评判因素 v_i，其统计值的均方差 σ_{ij} 对任一评判等级都是相等的，即 $\sigma_{ij}=\sigma_i(j=1,2,3,4)$。根据经验及有关统计资料，确定 $m_{ij}(i=1,2,3,4;j=1,2,3,4)$，$\sigma_i(j=1,2,3,4)$，$a_i$，$b_i(i=1,2,3,4)$，分别列入表 3.10 ～ 表 3.12。

表 3.10　评判因素在 Ⅰ、Ⅱ、Ⅲ、Ⅳ 等四个评判等级的均值

评判因素	评判等级			
	Ⅰ	Ⅱ	Ⅲ	Ⅳ
v_1	0.20	0.40	0.60	0.80
v_2	0.85	0.65	0.40	0.20
v_3	0.80	0.65	0.50	0.30
v_4	0.90	0.70	0.45	0.15

表 3.11　评判在 Ⅰ、Ⅱ、Ⅲ、Ⅳ 等四个评判等级的均方差

σ_1	σ_2	σ_3	σ_4
0.08	0.10	0.12	0.15

表 3.12　评判因素对等级 Ⅴ 的隶属函数特征点 a_i、b_i 值

评判因素 v_i	v_1	v_2	v_3	v_4
特征点 a_i	0.3	0.4	0.48	0.55
特征点 b_i	0.7	0.6	0.84	0.9

3.5.4　评判因素权重的确定

评判因素的权重可由 AHP 法(层次分析法)获得,不作为本书研究重点,故从略。

3.5.5　计算示例

假设常规导弹弹头为典型的整体杀伤爆破弹,打击目标为敌军坦克装甲进攻部队,物理毁伤指标为相对毁伤面积。再假定根据事先的评估和计算,得到相关因素值为:$v_1=0.68$,$v_2=0.63$,$v_3=0.65$,$v_4=0.5$。

利用式(3.22)～式(3.24)计算出 $\mu_{ij}(v_i)$,即模糊关系矩阵 $\underset{\sim 1}{\boldsymbol{R}}$、$\underset{\sim 2}{\boldsymbol{R}}$ 的元素值,于是得到

$$\underset{\sim 1}{\boldsymbol{R}}=[0.0000 \quad 0.0000 \quad 0.3679 \quad 0.1054 \quad 0.9045]$$

$$\underset{\sim 2}{\boldsymbol{R}}=\begin{bmatrix} 0.0079 & 0.9608 & 0.0050 & 0.0000 & 0.0000 \\ 0.2096 & 1.0000 & 0.2096 & 0.0002 & 0.3706 \\ 0.0008 & 0.1690 & 0.8948 & 0.0043 & 1.0000 \end{bmatrix}$$

假定根据 AHP 方程确定的权重集分别为

$$\underset{\sim 1}{A}=\{1\},\quad \underset{\sim 2}{A}=\{0.4,0.35,0.25\},\quad \underset{\sim}{A}=\{0.65,0.35\}$$

由式(3.19)和式(3.20)得到一级评判结果,即

$$\underset{\sim 1}{\boldsymbol{B}}=[0.0000 \quad 0.0000 \quad 0.3679 \quad 0.1054 \quad 0.9045]$$

$$\underset{\sim 2}{\boldsymbol{B}}=[0.0767 \quad 0.7766 \quad 0.2991 \quad 0.0011 \quad 0.3797]$$

由式(3.21)得到二级评判结果为

$$\underset{\sim}{\boldsymbol{B}}=[0.0268 \quad 0.2718 \quad 0.3438 \quad 0.0689 \quad 0.7208]$$

归一化后得

$$\underset{\sim 1}{\boldsymbol{B}}=[0.0187 \quad 0.1899 \quad 0.2402 \quad 0.0481 \quad 0.5036]$$

根据最大隶属度原则可知,心理瓦解程度为等级 Ⅴ,故在相对毁伤面积为 0.68 的情况下,敌军坦克装甲进攻部队的心理瓦解程度为 0.8 以上。

3.6　本章小结

本章的主要内容如下:

1)根据基于效果的毁伤原则对常规导弹毁伤目标进行了分类和定义。

2)以物理毁伤指标的评估方法为基础,给出了评估系统失效率的一般方法,并给出了典型武器系统失效率的评估方法。此外,还运用模糊综合评判的方法

得出了心理瓦解程度的评估方法,建立起了物理毁伤指标与心理瓦解程度之间的模糊关系。

3)分别以整体杀爆弹打击装甲面目标、导弹打击某典型武器系统、整体杀爆弹打击装甲进攻力量为例,给出了相对毁伤面积、系统失效率和心理瓦解程度这三类不同毁伤指标的计算示例。

毁伤效果指标选取的客观性、合理性直接影响着火力打击任务的完成程度,也是全面评定毁伤效果的基础。对于导弹打击中的三类具体目标,如何选择毁伤效果指标、毁伤效果指标如何计算,本章给出了答案。

第二篇　基于多源毁伤信息融合的导弹毁伤效果评估方法

第4章　基于多源毁伤信息融合的导弹毁伤效果评估方法导论

4.1　引　　言

从海湾战争、伊拉克战争到阿富汗战争,美国在战争中表现出的战争艺术和军事技术影响着世界军事理论的发展,而导弹毁伤效果评估(Missile Battle Damage Assessment)系统就是现代信息化战争的产物。导弹毁伤效果评估实质上是对目标的毁伤情况进行评估,包括对人员、建筑和武器装备等所有对战争起促进作用的目标进行毁伤评估,它是导弹突防和打击计划拟制的重要依据。现代战争中,及时、准确地对导弹毁伤效果进行评估,不仅能为指挥员做出正确决策提供可靠依据,而且能够优化火力分配,提高战场资源的利用效率,避免贻误战机。

导弹毁伤效果评估包括弹道数据融合、导弹落点预测、导弹落点定位和毁伤效果物理评估等过程。毁伤效果物理评估是根据地面、空中等各类侦察源提供的信息和数据来推算和评估对目标的物理毁伤程度,是毁伤效果评估最直接的依据。对毁伤图像进行处理是毁伤效果物理评估中的重要一环,随着卫星、无人机等遥感遥测技术的发展,通过空中成像传感器获取地面目标的毁伤图像,进行图像分析和计算,可以获得较为真实的毁伤效果,由于其反应速度快、效果直观、可靠性高、可测性好,已成为导弹毁伤效果评估中图像获取的重要手段。

导弹力量作为我国战略威慑的重要力量,必须适应未来信息化和智能化战争的要求,因而必须建立一个时效性强、准确度高、可靠性好的导弹毁伤效果评估系统,使之能够结合战场毁伤情况信息给出导弹毁伤效果评估的准确量化指标,为指挥员做出科学、合理的决策提供可靠的依据。作为一个军事效能评估与决策支持系统,导弹毁伤效果评估系统的核心功能是利用掌握的目标资料和数据信息评估目标毁伤程度。基于导弹作战的特点,其打击的目标通常是固定的目标,具有重要的战略、战役价值。通常在打击前对目标结构和资料都进行了详细调查和目标资料整编,并不断对目标进行动态监视,能够掌握这些目标大量的信息。导弹打击后利用航空航天等手段获取目标毁伤信息,进行毁伤效果的定性、定量评估。

导弹毁伤效果评估主要是指对预先确定的目标造成的毁伤所做的及时、准确的评估。为提高导弹打击毁伤效果评估的精度，并对战场态势和威胁的重要程度进行适时、完整的评价，多源毁伤信息融合技术尤为重要。基于遥感图像处理技术，研究遥感光学图像的多源目标毁伤信息融合技术，能够为导弹毁伤效果的精确评估提供强有力的支持。

4.2 研究目的和意义

信息化战争中，由于战场要求信息处理的及时性必须满足实时防御的要求，需要对来自多传感器的数据进行迅速而有效的处理，获取准确的目标状态和属性估计，进行完整、反应速度快、效果直观、可靠性高的态势评估和威胁估计，从而为火力控制、电子对抗、辅助决策、后续的打击计划和作战部署提供依据。其中，多源目标毁伤信息融合方法对于有效进行毁伤评估起着至关重要的作用。

对导弹毁伤效果评估系统所涉及的多源毁伤信息融合技术进行研究，研究成果具有以下两个方面的应用价值。

1)目前，基于多源毁伤图像信息评估导弹毁伤效果是一个急需研究的课题。使用多源毁伤图像信息能够快速、准确地得出评估结论，实现战时目标摧毁可能性的评估，为合理拟制火力计划提供可靠依据，以免武器浪费。

2)基于多源毁伤图像信息融合方法，即提取图像信息中的有用信息，对有用信息再关联、再融合、再处理产生新的有用信息。此信息融合方法可广泛应用于各军事领域，包括分布式多传感器网络的广域监视系统、多传感器的自主式武器系统和自备式运载器、敌情指示和预警系统、情报收集系统等。

4.3 国内外研究现状

为研究遥感光学图像的多源目标毁伤信息融合技术，下面对信息融合技术及多源毁伤图像信息融合技术两方面的国内外研究现状做一综述。

4.3.1 信息融合技术

20世纪70年代初，美国海军利用计算机技术对多个独立的连续声呐信号进行融合分析，准确地探测出敌方潜艇的位置，这一发现对现代战争产生了重大影响。从80年代开始，美国采用信息融合技术开发研制出多个用于目标识别、态势评估和威胁估计的战略和战术监视系统，例如军用分析系统(TCAC)、多平台多传感器跟踪信息相关处理系统(INCA)、海军战争状态分析显示系统

(TOP)、目标获取和武器输送系统(TRWDS)等,这些系统在现代战争中发挥了重要的作用。1984年,美国国防部成立了数据融合专家组(DFS),专门组织和指导相关的研究,并相继研究开发了几十个军事信息融合系统,用于目标识别和战场管理。1987年,欧洲共同体开始了为期5年的联合开展多传感器信号与知识综合主题(Signal and Knowledge Integration with Decisional Control for Multi-sensory System,SKIDS)计划,主要目的是研究多传感器数据融合的通用结构与实时信息融合技术。海湾战争结束后,美国将通信局改为信息局,在指挥、控制、通信和情报(C^3I)系统中加入计算机,建立以数据融合为核心的C^4I系统。美国国防部把数据融合技术列为对国防至关重要的21项技术之一,近年来,每年用于数据融合技术的研究费用达上亿美元。

除了在军事领域的应用外,数据融合技术也引起了世界各国学者的广泛关注。1994年,电气与电子工程师协会(IEEE)首次举办了多传感器融合和集成国际会议。信息融合技术研究的发展速度很快,其研究成果已迅速扩展到自动控制、目标识别、交通管制、生产过程监控、导航、遥感、基于环境的复杂机械维护和机器人等众多领域。

国内关于信息融合技术的研究起步相对较晚。20世纪80年代初,人们开始从事多目标跟踪技术研究,80年代末才开始出现有关多传感信息融合技术研究的报道,90年代初,这一领域的研究才在国内逐渐形成高潮,并一直持续至今。国内一批高校和研究机构开始广泛从事这一技术的研究工作,出现了一大批理论研究成果,其应用研究也有了很大进展。到20世纪90年代中期,信息融合技术在国内已发展成为多方关注的共性关键技术,出现了许多热门研究方向,许多学者致力于机动目标跟踪、分布检测融合、多传感综合跟踪与定位、分布信息融合,以及目标识别与决策信息融合、态势评估与威胁估计等领域的理论及应用研究,相继出现了一批多目标跟踪系统和有初步综合能力的多传感信息融合系统。

信息融合技术发展到现在,已产生了很多融合算法,但这些融合算法大都是根据具体的问题而提出的,对特定领域的问题进行信息融合能获得最优效果。常用的融合算法可概括为两大类:经典融合算法和现代融合算法。经典融合算法是基于经典数学方法的一类融合算法,如贝叶斯估计(Bayesian Inference)、加权平均法(Weighted Average Method)、极大似然估计(Maximun Likelihood)、D-S证据理论(Dempster-Shafer Inference)、卡尔曼滤波(Kalman Filter)等。现代融合算法是根据人工智能理论、现代信息论等的发展而发展起来的一类融合算法,如聚类分析(Cluster Analysis)、模糊逻辑(Fuzzy Logic)、神经网络(Neural Networks)、小波理论(Wavelet Theory),以及粗糙集理论(Rough Set

Theory)、支持向量机(Support Vector Machines)等方法。

信息融合技术未来的发展包括理论方面和应用方面:在理论方面,发展和完善信息融合的基础理论,确立融合模型标准和系统结构标准;针对已有融合算法的不足进行改进和完善;综合已有的算法,得到更高性能的合成算法;提高融合系统的鲁棒性和容错性;研究融合系统的数据库和知识库,发展高速检索和推理机制,重点是不确定性推理系统的研究;建立信息融合系统的性能测试与评估体系。在应用方面,扩大信息融合技术的工程应用领域,加快复杂信息融合系统的工程实现,建立工程建设中信息融合系统的设计框架和规范。

4.3.2 多源毁伤图像信息融合技术

多源图像信息融合技术属于信息融合中可视部分的信息融合,一般指在同一时间或不同时间获取的对某个具体场景的多源图像信息加以融合,生成新的关于此场景的描述,这个描述是从单一图像的信息中无法获得的。通过对多源图像信息的融合,可克服单一图像信息存在的局限性,提高多源图像的使用率,并有利于对物理现象和时间进行定位、识别和理解。

当前,美国、法国、俄罗斯、德国、日本等国都在积极致力于军事遥感图像信息处理技术的研究,其中美国在遥感毁伤图像处理领域处于世界领先水平。2000 年 5 月,美国波音公司航空电子飞行实验室对合成孔径雷达和前视红外系统进行多源毁伤图像融合处理,能够快速地确定目标的位置并对目标进行识别,再利用由电子战传感器采集到的信息,做进一步的融合处理,使飞行员能够及时、准确地对威胁目标定位和识别。

K. S. Ray 等提出的在神经网络的学习阶段使用模糊语言陈述,并通过检测未知场景边界上的一系列重要的局部特征,将毁伤图像目标融合问题转化为在训练阶段选择合适的表示物体局部特征的集合。Tiehua Du 等先提取出毁伤图像目标边界,然后利用拐点将边界分成曲线段,并对曲线段进行比例缩放和标准化,用多尺度小波变换描述来表示其中的每条线段,结合分层迭代匹配方法对目标从低分辨率到高分辨率进行识别。Farzin Mokhtarian 将 3D 刚性物体建模成有限类的 2D 轮廓,每个类中的轮廓在 2D 相似变换下相互关联,使用曲率尺度空间(Curvature Scale Space)技术来获得毁伤图像和轮廓的一种新的多尺度分割,并使用对象索引来压缩搜索空间。G. L. David 使用新的局部毁伤图像特征开发了一个对象识别系统,这个特征具有缩放、变换、旋转不变性,并且在一定程度上还是照度改变、仿射和 3D 投影不变量。Ying Zhengrong 等提出了一个新的用于遮挡目标识别的贝叶斯框架,这个框架基于对提取对象的局部特征进行一对一的匹配,并介绍了两种不同的遮挡统计模型。利用这些模型,毁伤图像识别问题就可以简化为找具有最大广义似然极值的那个对象，类似的研究还有很多。

西方各国无一不高度重视遥感图像信息资源的利用和开发，无论是在理论上还是实践上，都取得了丰硕的成果。在对地观测应用中，遥感图像融合技术已应用于土地资源调查、地形测绘、植被检测、天气预报、自然灾害监测等方面。

20 世纪 70 年代，我国就开始在目标识别和自动跟踪方面进行理论研究，经过广大科研人员的不懈努力，我国的多传感器图像毁伤信息融合技术已有很大提高，并在可见光图像理解、遥感图像处理与融合、合成孔径雷达成像和应用方面取得了较好的研究成果，有了实质性的进展。

目前，我国关于导弹毁伤效果评估中的多源毁伤图像信息融合技术还处在理论研究阶段，与发达国家相比还有差距。同时，开展多源毁伤图像融合的理论方法和军事应用的研究是一项很有意义的工作，通过进行多源毁伤图像信息的特征层融合方法研究，旨在获得有效的毁伤图像分析处理方法。

4.4　本篇的主要内容

多源目标毁伤信息融合是导弹毁伤效果评估系统所涉及的关键技术之一，本篇主要研究导弹毁伤效果评估中多源目标毁伤信息特征层融合技术。首先，基于轮廓分析算法，对多源毁伤图像信息进行特征提取；其次，利用区域不变矩算法，对特征提取后的图像进行特征关联；最后，采用 BP 神经网络，对特征关联之后的多源毁伤图像进行特征层融合，给出融合评估结果。主要内容如下：

1)首先对导弹毁伤效果评估中的多源毁伤信息融合进行概念描述，然后针对毁伤信息融合的三个层次，重点分析多源毁伤信息特征层融合的基本步骤，给出常用的多源毁伤图像信息特征层融合方法。

2)首先给出毁伤图像信息特征提取的步骤，然后采用基于 Canny 算子的边缘特征提取算法，针对毁伤图像信息的几何线状特征，提出一种基于轮廓分析的线目标毁伤特征提取方法，并通过毁伤道路特征提取实验验证算法的有效性。

3)在对图像进行特征提取的基础上，给出基于图像区域不变矩特征关联算法；然后采用多分辨率阈值选取方法，根据图像小波分解后的最小距离求得最优阈值，对多源图像进行分割，标定重点目标区域，求取该区域不变矩特征，进行相似性度量，并利用该方法进行几组图像特征关联的实验，给出实验结果。

4)在分析多源图像毁伤信息特征的基础上，建立基于 BP 神经网络的多源目标毁伤信息特征层融合系统，并对多源桥梁毁伤信息进行 BP 神经网络特征层融合，给出毁伤图像特征融合结果。

4.5 本章小结

作为导弹毁伤效果评估系统所涉及的关键技术，多源目标毁伤信息融合方法对于有效进行导弹毁伤效果评估起着至关重要的作用。本章分析了多源目标毁伤信息融合方法在导弹毁伤效果评估中的应用价值，从信息融合的一般技术、多源目标毁伤图像信息融合技术等方面，对其研究现状进行阐述，并对本篇的主要内容进行了概述。

第5章　导弹毁伤效果评估中的多源目标毁伤信息融合技术

5.1　引　　言

导弹毁伤效果评估的主要任务为：一是完成毁伤效果信息的自动提取与识别，二是根据提取的特征信息完成毁伤效果等级或损毁程度的评估。多源目标毁伤信息融合是毁伤效果评估的一项关键技术，而进行多源目标毁伤信息特征层融合，其目的就是根据目标在打击前和打击后的特征向量，对导弹攻击效果做出较为准确的评估。本章对其融合技术和方法进行研究。

5.2　导弹毁伤效果评估中的毁伤信息融合

5.2.1　毁伤信息与导弹毁伤效果评估

导弹毁伤效果评估系统利用卫星或航空器上的多传感器获取被打击目标的实时侦察信息，并通过地面对侦察信息的实时处理来分析评估目标毁伤。传感器的技术指标成为应用信息处理技术的基础，直接影响到导弹毁伤效果的评估结果。

毁伤信息的特征主要表现在获取的图像上，图像的特征可以分为幅度特征、统计特征、变换系数特征、边界特征、点和线特征、纹理特征、矩特征等几类，它们从不同的方面反映图像的属性。其中，毁伤区域的形状特征对毁伤评估具有重要的作用，如区域周长、区域面积、区域形心、区域质心和主轴、区域外接矩形、区域 max - min 半径，以及区域形状的圆形度、区域偏心率、区域紧凑度、区域边界的凹率等。

导弹毁伤效果评估是对既定目标毁伤程度的描述。根据目标图像外形的变化，可以将毁伤程度分为五个层次：

1)无损伤：图像显示目标区域没有明显的或可观测到的破坏。

2)轻度毁伤：图像显示目标区域有稍许破坏，但面积不大，或是纹理上的微小变化。

3)中度毁伤:图像显示目标区域有小于××%的面积被破坏。

4)重度毁伤:图像显示目标区域有××5%~××%的面积被破坏。

5)摧毁:图像显示超过××%的目标区域被破坏。

导弹毁伤效果评估还有一个功能损伤评估的问题,也可分为多个层次,包括目标功能良好、部分功能受损、大部分功能受损以及功能丧失等。功能毁伤评估不能仅从目标外形的变化得出结论,还需要根据目标属性分析数据和武器性能分析数据做出合理的推断。

导弹毁伤效果评估围绕空间侦察信息来展开,评估工作是以图像情报资料为依据,迅速分析目标打击后的变化,客观而准确地评估报告目标毁伤情况。

5.2.2 信息融合的层次

美国国防部数据融合实验室小组从军事应用的角度给出了信息融合的定义:信息融合是一个多级、多层面的数据处理过程,主要完成对来自多个信息源的数据进行自动检测、关联、相关、估计组合等处理,从而提高状态与身份估计的精度,并对战场态势和威胁的重要程度进行适时、完整的评价。

融合的层次性指的是在什么阶段进行信息融合,融合层次的划分也是在实践中不断发展完善的。目前,普遍接受的融合层次的划分是将其分为数据层、特征层、决策层。

(1)数据层

数据层图像融合也就是像素级图像融合,属于底层图像融合。其优点在于尽可能多地保留了场景的原始信息,通过对多幅图像进行像素级图像融合,可以增加图像中像素级信息。与单一传感器获得的单帧图像相比,通过像素级图像融合后的图像包含的信息更丰富、精确、可靠、全面,更有利于图像的进一步分析、处理与理解。在进行图像像素融合之前,必须对融合的各个图像进行精确的配准,配准精度一般应达到像素级。数据层图像融合原理如图 5.1 所示。

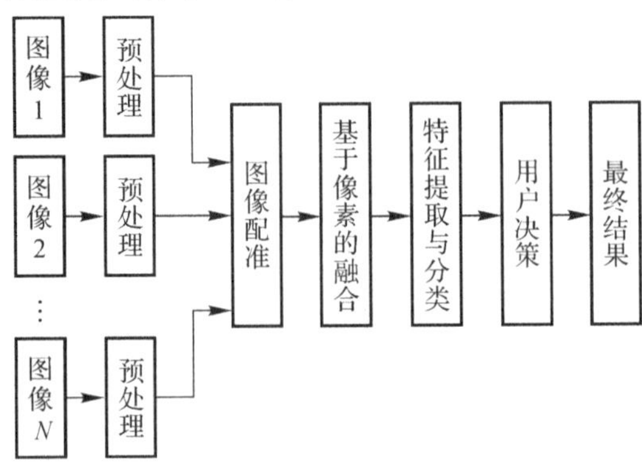

图 5.1 数据层图像融合原理

(2)特征层

特征层图像融合是从各个传感器的原始图像信息中提取特征信息，进行综合分析及融合处理。通过特征层图像融合不仅可以增加从图像中提取特征信息的可能，还可以获取一些有用的复合特征。

特征层图像融合可分为目标状态信息融合和目标特性融合。特征层目标状态信息融合主要应用于多传感器目标跟踪领域，其融合处理主要实现参数相关和状态矢量评估。特征层目标特性融合就是特征层的联合目标识别，其融合方法中要用到模式识别的相关技术，只是在融合处理前需要对特征进行相关处理，对特征矢量进行分类与综合。特征层图像融合原理如图 5.2 所示。

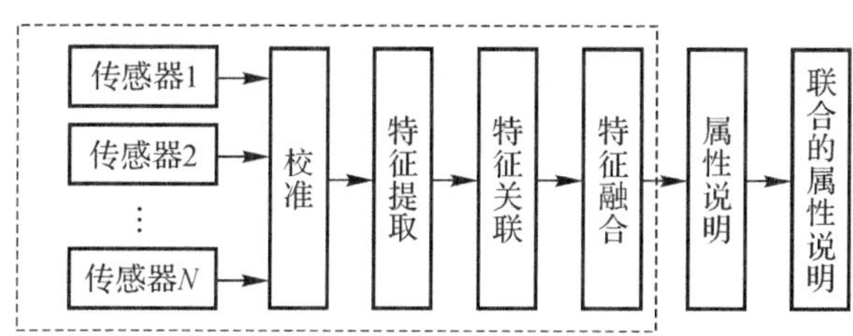

图 5.2　特征层图像融合原理

由图 5.2 知，多源图像信息特征层融合主要包括特征提取、特征关联、特征融合三个部分。

特征层图像融合后得到的特征可能是各种图像特征的综合，如融合后的边缘是不同传感器检测得到的边缘段的综合，也可能是一种完全新型的特征，能够强化和突出目标特征；通过特征层的图像融合可以增加特征检测的精度，利用融合后获得的复合特征可以提高检测性能；融合特征向量可以作为毁伤效果评估模块的输入。因此，研究特征层多源目标毁伤信息融合对导弹毁伤效果评估具有重要的意义。

(3)决策层

决策层图像融合是在信息表示的高层次上进行的融合，它是直接针对具体的决策目标，充分利用来自各个图像的初步决策。因此，在决策层图像融合中，对图像的配准要求很低，在某些情况下甚至无须考虑，因为各个传感器的决策已经符号化或数据化了。由于对传感器的数据进行了浓缩，该方法产生的结果相对而言最不准确，但它对通信带宽的要求最低。决策层图像融合原理如图 5.3 所示。

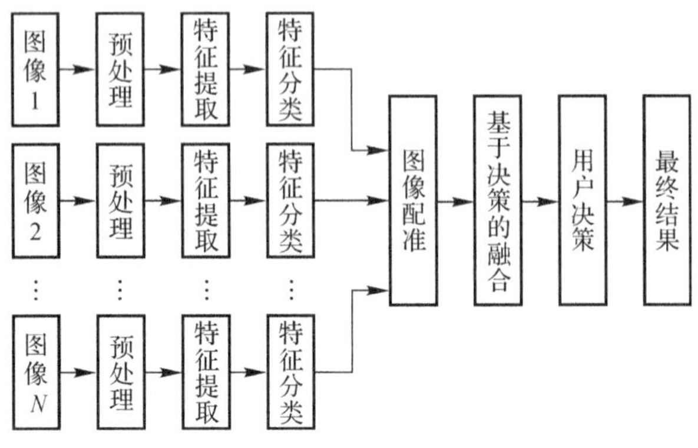

图 5.3　决策层图像融合原理

5.2.3　多源目标毁伤信息特征层融合

多源目标毁伤信息的特征层融合就是在已知目标的一些毁伤信息的基础上，对这些毁伤信息经过特征提取、关联、融合之后得到新的清晰、准确的毁伤信息，最后与目标模型图像进行比较分析，得出目标类别的归属和描述。毁伤效果评估中的多源目标毁伤信息融合就是充分利用各种时空条件下多种信息源的信息，进行关联、处理和综合，以获得更完整和更准确的判断信息。

多源毁伤图像的特征层信息融合可以分成以下三个步骤。

(1)特征提取

毁伤数据信息量十分庞大，对于研究人员来说，仅仅关心的是其中的重要信息，这就需要提取有用的信息。换句话说，就是从毁伤信息中提取有关的特征，如物体的线段、区域、角点、轮廓等。不同的特征用不同的特征参数组合来描述，不同的毁伤信息需要选择所需的特征。提取不同的特征就会对毁伤效果评估产生不同的影响，合理、有效地提取这些特征关系到新的有用信息准确性，是高层态势估计的关键环节。

(2)特征关联

特征关联是在提取图像特征的基础上进一步构造出各个目标的特征，并直接对目标特征进行匹配，目的是获得清晰的图像本质结构，消除各种成像畸变因素的影响，为后续处理提供更可靠的信息。

(3)特征融合

图像融合技术的关键是针对具体的目标、不同的传感器、不同的属性融合层次，建立合理的数学物理模型和采用相应的融合算法。针对特征层图像融合问题，本书利用 BP 神经网络的思想对经过特征提取及特征关联后的多源图像进行有效融合，同时挖掘所有图像的信息，以形成一个具有融合性质的特征描述。

5.3　多源毁伤图像信息特征层融合方法

多源毁伤图像的特征层信息融合常用的方法有简单的图像融合方法，基于假设前提及统计分析的融合方法，基于知识的融合方法。

5.3.1　简单的图像融合方法

简单的图像融合方法是早期的融合方法，也是目前应用最多、最方便的方法。基本原理是不对参加融合的多源图像进行任何图像变换或分解，而是直接对多源图像的对应特征分别进行选择、加权平均等简单处理，融合成一幅新的图像。

(1)加权平均法

加权平均法是一种最简单的多源图像融合方法，也就是对多源图像的对应特征进行加权平均处理。设 $A(i,j)$ 为源图像 A 中一个特征点，$B(i,j)$ 为源图像 B 中与之对应的一个特征点，$C(i,j)$ 为融合后图像的对应特征点，则加权平均融合方法可以表示为

$$C(i,j)=\omega_A A(i,j)+\omega_B B(i,j) \tag{5.1}$$

式中：$\omega_A+\omega_B=1$，ω_A 和 ω_B 分别为图像 A 和 B 中各特征点的加权值。

权值如何选择是加权平法中的关键问题。基于局部区域对比度的权值选择法利用人眼对对比度非常敏感这一事实，从两幅图像中选择对比度较大的特征点作为融合后的特征点。也就是：对比度大的特征点权值为 1；否则为 0。基于对比度的权值选择技术对噪声非常敏感，这是因为图像中的噪声具有很高的对比度，这样融合后的图像包含很强的噪声。Burt 提出了平均和选择相结合的方法，即用一个匹配矩阵来表示两幅图像的相似度：当两幅图像很相似时，融合图像就采用两幅图像的平均，权值都为 0.5；当两幅图像差异很大时，就选择最显著的那一幅图像，此时的权值为 0 和 1，这样可以抑制噪声。

加权平均法的优点是简单、直观，适合实时处理，但简单的加权融合会使融合图像信噪比降低；当融合图像的灰度差异大时，就会出现明显的拼接痕迹，不利于人眼识别和后续的目标识别处理。

(2)逻辑滤波法

逻辑滤波法是另外一种将 2 个或多个特征数据融合成 1 个特征数据的直观方法。当待融合图像对应点像素值均大于某一给定阈值时，进行“与”运算。来自“与”运算的特征被认为是对应了环境的主要方面。同样，“或”滤波用来分割

图像，因为所有大于特定的门限值的传感器信息都可用来进行图像分割。两个像素的灰度值均小于特定的门限值时，用“或非”运算。

5.3.2 基于假设前提及统计分析的融合方法

基于假设前提和统计分析的特征层融合方法具有执行快速、准确的特点；然而，在有些实际应用中难以建立准确的统计模型，此时这类方法就无法应用。

(1)贝叶斯理论方法

贝叶斯推理的基本原理是给定一个似然估计，通过增加的测量更新假设条件下的似然函数，即通过累积目标将给定假设的先验概率更新为后验概率，根据后验概率进行推理判断，实现多目标分类与属性判别，如图 5.4 所示。

基于贝叶斯理论的方法在解决同类特征数据时具有一定的优越性。它甚至可以在欠数据输入和无数据输入时做出相应处理，并且贝叶斯网络分类器具有结构简单、分类准确性高及稳健性好等特点。然而，贝叶斯方法强迫每个数据信号必须在一个公共的层次上给出一个贝叶斯可信度，而实际的信息融合必须包含各种各样的目标，其特征也大相径庭，这时直接使用贝叶斯方法将难以获得满意的结果。

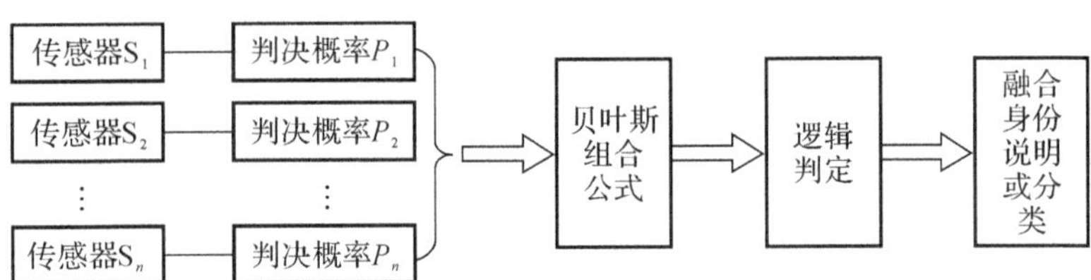

图 5.4 贝叶斯融合推理过程

(2)Dempster - Shafer 证据理论

20 世纪 60 年代，Dempster 用概率上下限来表示实际问题中的不确定性，提出了 D - S 证据理论。Shafer 对之做了进一步的发展，并使之系统化、理论化，形成了一种不确定性证据的推理理论，即 D - S 证据理论。D - S 证据理论是用来自相互独立的、不同信息源的证据来提高对事件置信程度的多源信息组合规则。Dempster - Shafer 融合推理过程如图 5.5 所示。

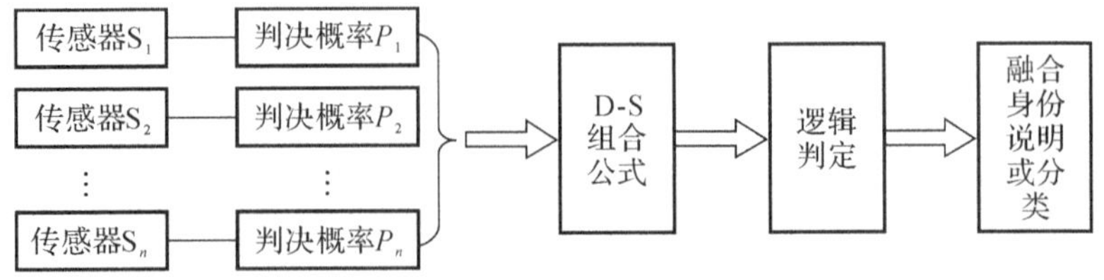

图 5.5 Dempster - Shafer 融合推理过程

D－S 证据理论是一种扩展的贝叶斯方法，它使用两个置信度来支撑融合结论，一种是支持结论的信任度，另一种是支持相反结论的虚警度，后者是融合系统可靠性的体现。Kim 和 Swain 就利用 D－S 证据理论成功地融合分析了多光谱图像和数字高程数据中的地面分类问题，最终根据最可靠原则进行特征识别分类。Coombs 等人运用 D－S 理论对战术导弹环境中的目标分类进行了处理，在分类可靠性方面取得了较明显的提高。

(3)相关聚类法

相关聚类法是一种启发式算法，它是利用目标特征的相关系数、相似性距离等参数来判定各种特征对象是否属于同一类型，然后对同类特征进行特定处理，尽可能准确地获取目标特征及其类别属性。当目标特征类别域不是很明确时，该方法是一种有力的工具。

5.3.3 基于知识的融合方法

基于知识的方法能够灵活、广泛地描述各种应用，但是它们又往往具有描述不够精确，执行时间较长的不足。

(1)专家系统的方法

专家系统又称为基于知识的系统(KBS)，它是人工智能的一个分支，属于认识模型类。由于专家系统解决问题的出发点在于知识，并对传统的知识范畴进行了扩充，增加了经验性和启发性知识，同时还可以进行启发性推理，因此，它在导弹毁伤效果评估中的信息融合和信息判定分析中展现出了广泛的应用前景。专家系统的结构如图 5.6 所示。

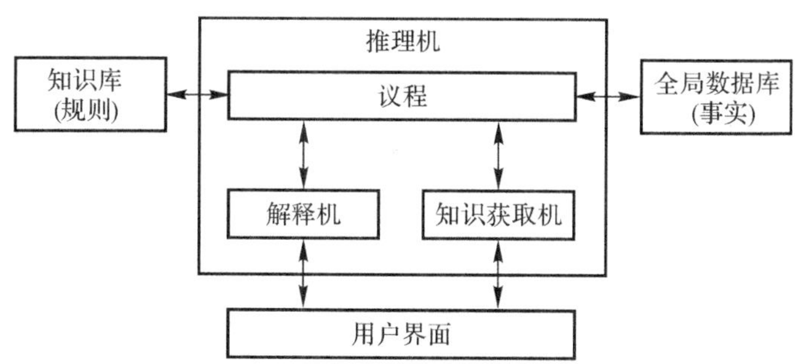

图 5.6 专家系统结构示意图

知识库和推理机是专家系统的两个最主要的组成部分。知识库中应包括的知识领域有结构化知识，如数学模型、结构化算法等；启发性知识，如启发性假设、具体的启发途径等；经验性知识，如各领域专家的大量尚未上升到理性认识的感性认识；元知识或运用知识，如领域专家描述、组织、运用、处理和控制领域知识时所采用的思维逻辑、形式推理；等等。推理机是对领域专家解决问题的思维和逻辑推理方式进行的模拟，即确定知识库中各类知识的运用方法。它包括：正向推理，即由事实（证据）推断出结论；反向推理，即由启发性的可能结论（目标）假设出发，推断出应成立的事实或证据。在推理机中需要处理的一个重要问题是不确定性推理问题。不确定性是由于随机误差、信息的不完全性、对目标无法准确描述等而产生的。推理所涉及的事实、规则、结论三要素都可能带有不确定性，但在专家系统中的不确定性处理主要是指由于事实中的不确定性所引起的结论的不确定性问题。

专家系统的人-机界面按照具体的专家系统的物理环境和运行方式进行，它的主要功能是输入推理机所需要的事实、显示推理路径、解释推理构成、显示推理结论，人-机交互对推理结论进行选择，对知识库和全局库进行维护和更新，人-机交互控制推理过程。全局数据库保存知识库、推理机在运行过程中的各类相关静态和动态数据、事实和中间结论。

专家系统在实际处理目标数据时，往往先将目标特征与特征数据库中的数据进行模式匹配；然后，根据相应的融合法则进行融合推理；最后，得到特征融合结果。

(2)小波变换的多分辨融合方法

首先，基于小波变换(Wavelet Transform)多分辨分解的图像融合方法是对参加融合的源图像分别进行图像的小波分解，形成多尺度分解图像；其次，在相应的分解层上分别进行融合处理形成融合后的小波多尺度图像；最后，进行小波逆变换得到融合后的图像。

小波变换作为一种新的数学工具，是基于函数的时间域（或空间域）和频率域之间的一种表示方法。它在时间域和频率域同时具有良好的局部化性质，有“数学显微镜”之称。自 Mallat 将计算机视觉领域内多尺度分析的思想引入小波变换后，对图像进行多分辨融合处理的方法在离散小波变换这一数学工具的帮助下日益完备。人眼视觉的生理和心理实验表明，图像的小波多分辨分解与人眼视觉的多通道规律一致，同时小波多通道模型也揭示了图像内在的统计特性。

基于小波变换图像融合的基本思想是：首先，对多源图像进行二维小波多尺度分解，分别得到不同尺度下图像的低频分量、水平高频分量、垂直高频分量和对角高频分量；其次，在不同尺度下通过比较各子图像的细节信息，按照一定的融合规则，实现图像融合，提取出重要的小波系数；最后，进行小波逆变换，便可得到融合之后的图像。小波变换图像融合的基本流程如图 5.7 所示。

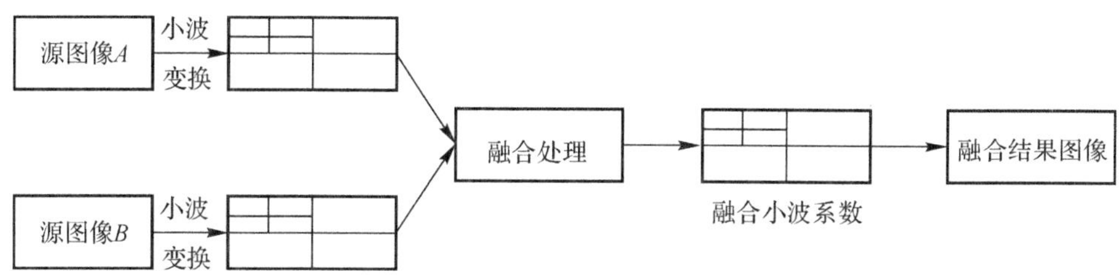

图 5.7　小波变换图像融合的基本流程

基于小波变换多尺度融合的物理意义：

1）小波变换将原始图像分解到一系列的频率通道中，再利用塔形结构在图像的不同空间频带内分别进行融合处理，能有效地将不同图像的细节融合在一起，而且边缘不突兀。

2）多尺度小波分解的优势在于将特征明显不同的两幅图像在多个频率域上分别进行融合，因此可以达到适合人眼视觉效果的目的。

3）小波变换分别提取了原始图像的低频和三个方向的高频。对融合来说，由于所需要信息的不同，对各部分信息的处理应各不相同，因此可以具体情况具体选择合适的融合算子，根据需要提取原始信息，得到效果显著的融合图像。

4)小波变换塔形分解的每一层的任一子图像又相对地分为四个不同的子图像：低频、水平高频、竖直高频、对角高频子图像。因此，融合算子也可以根据频率的变化做相应的变化。这样在小波塔形分解层处理的基础上，又在各层的不同特征域上进行针对性的融合，融合结果具有较理想的效果。

小波变换的多分辨结构可解决图像灰度特性不同给图像融合带来的困难，同时正交小波变换去除了两相邻尺度上图像信息差的相关性。基于小波变换图像融合算法的核心问题是融合规则的选取，不同的融合规则能够得到不同的融合结果，也反映了算法的有效性。一种方法是逐个考虑子图像相应位置的小波系数，称为基于像素的融合规则；另一种方法不仅考虑相应位置的小波系数，还要考虑每一个像素相邻像素的小波系数，这种方法考虑到了图像像素与它相邻像素之间的高度相关性这一事实，称为基于区域的图像融合方法。

(3)基于神经网络的图像融合方法

1943 年，McCulloch 和 Pitts 提出了神经元的数学模型，随后 Heb 提出学习算法，兴起了神经网络的研究。一般认为，神经网络是一个高度复杂的非线性动力学系统，系统具有非线性系统的共性，但更主要的是它还具有自己独特的优点。人工神经网络的特点是并行结构和并行处理、知识的分布存储、容错性、自适应性等。神经网络的知识表示与它的知识获取过程将同时完成，因而执行速度加快。在推理过程中，根据需要还可以通过学习对网络参数进行训练和自适应调整。因此，它是一种有自适应能力的推理方式。另外，现实世界中图像噪声总是不可避免地存在，甚至有时信息会有缺失，在这种情况下，神经网络融合方法也能以合理的方式进行推理。在进行图像融合时，神经网络经过训练后可以把每一幅图像的特征点分割成几类，使每幅图像的特征都有一个隶属度函数矢量组，提取特征，将特征表示作为输入参加融合。目前，绝大多数的神经网络是用数字化仿真来实现的，使用软件和数字信号处理芯片来模拟并行计算。

采用神经网络实现信息融合的步骤如下：首先，依据神经网络系统的要求和信息源的特点来选择合适的网络模型，如 BP 神经网络、ART 网络、Hopfield 网络等；其次，依据系统的融合知识和已有的多传感器信息，对建立的神经网络系统进行训练学习，确定网络的连接结构和权值参数；最后，利用网络的自组织和自学习功能，不断地从实际应用中学习信息融合的新知识，调整自己的结构和权值，来提高信息融合的可靠性。

图像融合涉及复杂的融合算法、概念、实时图像数据库技术和高速、大吞吐量数据处理等软/硬件支撑技术，其中基于神经网络的图像融合方法成为一种有前途的图像融合方法。

5.4 本章小结

为分析毁伤效果评估中多源毁伤信息融合技术，本章进一步研究了多源图像信息特征层融合方法。主要内容如下：

1）依据多源图像信息融合技术的毁伤效果评估的需求，系统地研究了毁伤信息、毁伤效果评估以及多源毁伤信息融合的基础理论。通过对这些基础理论的系统规整，可以更好地了解和应用多源信息融合技术，从而为后续章节的研究工作打下理论基础。

2）给出了多源毁伤图像信息特征层融合的基本步骤，并介绍了多源毁伤图像信息特征层融合的常用方法，详细讨论了神经网络技术在图像融合中的应用，突出了神经网络实现信息融合的步骤，并强调了通过学习和训练后的神经网络进行图像信息融合，能够提取出作战决策者所需的关于毁伤图像信息主要的特征。

第 6 章　多源目标毁伤图像信息的特征提取

6.1　引　　言

毁伤信息的几何线状特征是毁伤图像信息的一种重要特征，多源目标毁伤信息的特征选择和提取是毁伤决策分析中的关键环节。本章主要进行毁伤图像信息的几何线特征提取方法研究，针对现有的几何线状特征提取方法的不足，本章将提出一种基于轮廓分析的几何线目标毁伤特征提取策略。

6.2　特征提取步骤

为了有效进行毁伤图像几何线特征提取的研究，以军用飞机场为例，如图 6.1 和图 6.2 所示。军用飞机场通常是军事打击的重要目标，因此确定飞机场线状机场道路目标毁伤的方位、长度以及数量等特征信息，对准确进行毁伤效果评估，以及制订后续的打击计划具有重要的意义。

图 6.1　目标遭受打击前图像

图 6.2　目标遭受打击后图像

从图 6.1 和图 6.2 可以看出，目标遭受打击前、后光学图像之间存在如下的变化：

1)经过军事打击造成的毁伤变化。毁伤区域为局部极小值，平均灰度值较低。不同位置的毁伤，会造成面积大小不同，形状复杂程度不同。

2)由光照、传感器噪声和环境等因素导致的变化。如光照因素导致图 6.2 的灰度相对于图 6.1 的灰度发生了较大的变化。

综上所述，在实际军事目标遭受打击前、后光学图像中，除感兴趣的毁伤变化外，还存在受光照、传感器噪声、季节和地物细节等因素影响而造成的变化，这些变化与毁伤变化交叠在一起，给实际提取毁伤特征带来了极大困难。

针对毁伤图像信息的几何线状特征提取问题进行研究，而现有的图像线特征提取算法如下：Nevada 等提出的启发式连接方法是直接跟踪边缘，再根据相邻边缘点的共线性得到拟合直线，利用边缘点的空间邻接关系辅以梯度方向对直线进行连接，提取出直线特征。当邻接点较多时，如何确定跟踪路径就成为此方法最大的困难。Hough 变换利用点、线之间的对偶性，将原始图像中给定形状的曲线或直线上的所有点都集中到参数空间的某个点上形成峰值。Hough 变换没有考虑空间的邻近特性，可以避免填补边缘点之间缝隙的困难，但是也可能会把加进来图像中远离的孤立边缘，定位不准确，并且这种方法计算量比较大。Burns 等提出的以边缘的梯度相位特性为主要依据进行编组的方法，能够检测出对比度较弱的灰度变化，同时，拟合直线用的支持区域由相邻的边缘点组成，这种方法提取的直线定位较准确。但是，这种方法考虑了空间的邻近特性，容易产生断裂的短直线，并且拟合直线用的支持区域由相邻的边缘点组成，所以这种方法依然是依靠空间邻接关系。Boldt 等提出了层次-记号编组的方法，利用直线的邻近性、共线性等几何关系限制和对比度特性，用图搜索方法跟踪边缘，寻找图中具有最小损失路径的节点集，能够避免局部搜索时填补边缘缝隙的问题。但是，这种方法需要人为地设定很多门限，并且容易出现过度连接的错误。

鉴于这些方法存在的缺陷，本章提出了一种基于轮廓分析的几何线目标毁伤特征提取算法，算法流程图如图 6.3 所示。

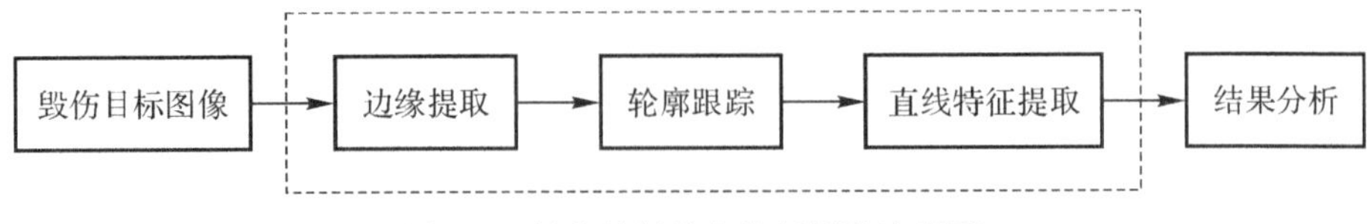

图 6.3　毁伤目标信息特征提取流程图

和现有的直线特征提取算法相比，本章采用的算法是把图像的边缘信息作为提取的要素，能够从复杂的多源图像中提取出相当低对比度的直线，且该算法可适用于不同类型的图像，有利于更高层次的图像分析与理解工作。

6.3　边缘特征提取

边缘是指图像灰度发生空间突变，或者在梯度方向上发生突变的像素集合。由边缘所分区域的内部特征或属性是一致或相近的，而相邻的不同区域之间的特征或属性是不同的。

在数学上，可以利用图像灰度变化曲线的一阶、二阶导数来描述边缘。边缘特征提取就是求解提取边缘模型的一、二阶导数的极值点或零点。对于光学图像中常用的边缘提取算子有 Sobel 算子、Canny 算子、LOG 算子等。

6.3.1　Canny 算子

Canny 算子必须满足三个边缘提取准则：

1)信噪比准则，即不漏检真实边缘，也不把非边缘点作为边缘点检出，使输出的信噪比最大；

2)定位精度准则，即检测出的边缘点尽可能在实际边缘的中心；

3)单边缘相应准则，即单个边缘产生的多个响应的概率要低，虚假边缘响应应得到最大控制。

将上述判据用数学的形式表示，设二维高斯函数为

$$G(x,y)=\frac{1}{2\pi\sigma_2}\exp\left(-\frac{x^2+y^2}{2\sigma^2}\right) \tag{6.1}$$

在某一方向 $\boldsymbol{n}$ 上的 $G(x,y)$ 的一阶方向导数为

$$G_n=\frac{\partial G}{\partial \boldsymbol{n}}=\boldsymbol{n}^{\mathrm{T}}\ \nabla G \tag{6.2}$$

式中：$\boldsymbol{n}=\begin{pmatrix}\cos\theta\\ \sin\theta\end{pmatrix}$；$\nabla G$ 为梯度矢量，$\nabla G=\begin{bmatrix}\frac{\partial G}{\partial x}\\ \frac{\partial G}{\partial y}\end{bmatrix}$；$\boldsymbol{n}$ 为方向矢量。

将图像 $f(x,y)$ 与 G_n 做卷积，同时改变 $\boldsymbol{n}$ 的方向，$G_n * f(x,y)$ 取得最大值时的 $\boldsymbol{n}\left\{即\frac{\partial[G_n * f(x,y)]}{\partial n}=0\right\}$ 对应的方向就是正交与检测边缘的方向。

$$\frac{\partial[G_n * f(x,y)]}{\partial \boldsymbol{n}}=\frac{\partial\left[\left(\cos\theta\cdot\frac{\partial G}{\partial x}\right) * f(x,y)+\left(\sin\theta\cdot\frac{\partial G}{\partial y}\right) * f(x,y)\right]}{\partial\theta}=0 \tag{6.3}$$

于是有

$$\tan\theta=\frac{\dfrac{\partial G}{\partial y}*f(x,y)}{\dfrac{\partial G}{\partial x}*f(x,y)} \tag{6.4}$$

$$\cos\theta=\frac{\dfrac{\partial G}{\partial x}*f(x,y)}{|\nabla G*f(x,y)|} \tag{6.5}$$

$$\cos\theta=\frac{\dfrac{\partial G}{\partial y}*f(x,y)}{|\nabla G*f(x,y)|} \tag{6.6}$$

因此,对应于$\dfrac{\partial[G_n*f(x,y)]}{\partial n}=0$的方向 $\boldsymbol{n}$,即边缘方向为

$$\boldsymbol{n}=\frac{\nabla G*f(x,y)}{|\nabla G*f(x,y)|} \tag{6.7}$$

在此方向上 $G_n*f(x,y)$ 有最大输出响应。

如果把∇G的两个滤波卷积模板分解为两个一维的行列滤波器,就可以通过分解的方法提高滤波速度。

$$\frac{\partial G}{\partial x}=kx\exp(-\frac{x^2}{2\sigma^2})\exp\left(-\frac{y^2}{2\sigma^2}\right)=h_1(x)h_2(y) \tag{6.8a}$$

$$\frac{\partial G}{\partial y}=ky\exp\left(-\frac{y^2}{2\sigma^2}\right)\exp(-\frac{x^2}{2\sigma^2})=h_1(y)h_2(x) \tag{6.8b}$$

$$h_1(x)=\sqrt{k}x\exp\left(-\frac{x^2}{2\sigma^2}\right) \tag{6.9}$$

$$h_1(y)=\sqrt{k}y\exp\left(-\frac{y^2}{2\sigma^2}\right) \tag{6.10}$$

$$h_2(x)=\sqrt{k}\exp\left(-\frac{x^2}{2\sigma^2}\right) \tag{6.11}$$

$$h_2(x)=\sqrt{k}\exp\left(-\frac{y^2}{2\sigma^2}\right) \tag{6.12}$$

将式(6.8)分别与图像 $f(x,y)$ 做卷积运算,得

$$E_x=\frac{\partial G}{\partial x}*f(x,y) \tag{6.13a}$$

$$E_y=\frac{\partial G}{\partial y}*f(x,y) \tag{6.13b}$$

$$A(i,j)=\sqrt{E_x^2(i,j)+E_y^2(i,j)} \tag{6.14a}$$

$$\alpha(i,j)=\arctan\frac{E_y(i,j)}{E_x(i,j)} \tag{6.14b}$$

式中：$A(i,j)$ 反映的是图像上 (i,j) 点处的边缘强度；$\alpha(i,j)$ 表示图像上点 (i,j) 处的法向矢量。

由 Canny 算子的定义，图像的中心边缘点为算子 G_n 与图像 $f(x,y)$ 的卷积在边缘梯度方向上的区域中的最大值，由此，就可以在每一点的梯度方向上判断此点强度是否为其邻域的最大值来确定该点是否为边缘点。当一个像素满足以下条件时，被认为是图像的边缘点。

1）该点的边缘强度大于沿该点梯度方向的两个相邻像素点的边缘强度；

2）与该点梯度方向上相邻两点的方向差小于 45°；

3）以该点为中心的 3×3 邻域中的边缘强度极大值小于某个阈值。

Canny 算子对加性高斯噪声有一定的抑制作用，提取的边缘方向信息准确，运算量适中。

6.3.2　Canny 算子边缘特征提取步骤

基于 Canny 算子，边缘特征提取可分为以下四个步骤。

1）用二维高斯函数的一阶导数，对待处理图像 $f(x,y)$ 进行平滑处理，减少噪声影响。二维高斯函数为

$$G(x,y)=\frac{1}{2\pi\sigma^2}\exp\left(-\frac{x^2+y^2}{2\sigma^2}\right) \tag{6.15}$$

其梯度矢量为

$$\nabla G=\begin{bmatrix}\dfrac{\partial G}{\partial x}\\[2mm]\dfrac{\partial G}{\partial y}\end{bmatrix} \tag{6.16}$$

把 ∇G 的 2 个滤波卷积模板分解为 2 个一维的行列滤波器，即

$$\frac{\partial G}{\partial x}=kx\exp\left(-\frac{x^2}{2\sigma^2}\right)\exp\left(-\frac{y^2}{2\sigma^2}\right)=h_1(x)h_2(y) \tag{6.17}$$

$$\frac{\partial G}{\partial y}=ky\exp\left(-\frac{x^2}{2\sigma^2}\right)\exp\left(-\frac{y^2}{2\sigma^2}\right)=h_1(y)h_2(x) \tag{6.18}$$

式中：k 为常数；σ 为高斯滤波器参数，它控制着平滑程度。对于 σ 小的滤波器，虽然定位精度高，但信噪比低；σ 大的情况则相反。应用这两个行列滤波器与图像 $f(x,y)$ 卷积，得到平滑图像 $I(x,y)$，即

$$I(x,y)=\nabla G * f(x,y) \tag{6.19}$$

这一步是一个低通滤波过程，用于消除空间尺度小于高斯空间系数 σ 的图像灰度变化。

2）对 $I(x,y)$ 的每一个像素，计算梯度的大小 $M(i,j)$ 和方向 $O(i,j)$，有

$$M(i,j)=\sqrt{g_x(i,j)\times g_x(i,j)+g_y(i,j)\times g_y(i,j)} \tag{6.20}$$

$$O(i,j)=\arctan\frac{g_y(i,j)}{g_x(i,j)} \tag{6.21}$$

3）非极大值抑制。遍历图像，如果某个像素的边缘强度小于其梯度线方向上两个相邻像素点的边缘强度值，那么将该像素值置 0，认为该点为非边缘点。

4）用双阈值算法检测边缘。设定两个阈值 T_1 和 $T_2(T_2>T_1)$，对非极大值抑制图像进行双阈值化。梯度值大于高阈值的像素为边缘；小于低阈值的为非边缘；介于两个阈值之间的，如果其邻接像素梯度值大于高阈值或为边缘点，那么该点也为边缘，否则为非边缘。

基于 Sobel 算子、LOG 算子和 Canny 算子，对 Lena 图进行边缘检测，实验结果如图 6.4(b)～(d)所示。为便于显示观看，将边缘图像进行了反色，从实验的结果来看，与 Sobel 算子和 LOG 算子相比，Canny 算子检测效果比较好。

(a) (b) (c) (d)

图 6.4 基于不同算子的边缘特征提取结果

(a)Lena 原图； (b)Sobel 算子检测结果； (c)LOG 算子检测结果； (d)Canny 算子检测结果

利用 Canny 算子检测图像边缘的关键是选择适当的高斯滤波器邻域大小和适当的阈值。高斯滤波器邻域大小决定着对噪声的抑制效果，直接影响最终的边缘检测效果，如图 6.4 所示。Canny 算子能够较好地提取出图像的边缘特征，并且 Canny 算子对加性高斯噪声有一定的抑制作用，提取的边缘方向信息准确，运算量适中，但 Canny 算子在有效提取毁伤图像边缘的同时，也会提取出大量的面细节边缘。毁伤目标中复杂的背景边缘在增加算法计算量的同时，也给准确的目标毁伤信息提取带来了干扰。因此，边缘特征提取之后，需要对这些边缘进行一定的滤除操作。

6.4　轮廓跟踪

为了消除毁伤目标中的复杂背景边缘，同时较好地保留目标毁伤边缘，需要对 Canny 算子边缘提取的结果进行轮廓跟踪操作。相关文献提出一种有记忆的变窗“爬虫”图像边界跟踪方法，能够对目标中的边界局部断裂以及分支等现象进行处理，本书在这里采用该算法对提取的边缘图像进行轮廓跟踪。

经过轮廓跟踪后，目标毁伤图像中的边缘点已经成为对应目标的轮廓线。通过分析，图像中的轮廓线主要存在如下四类：

1）长轮廓线，对应目标图像和其他的地物分界线；

2）闭合轮廓，对应局部封闭区域；

3）半闭合轮廓，对应局部半封闭区域，对应疑似毁伤目标区域；

4）不规则边缘，对应于光学图像中的局部不规则变化。

在这四类轮廓线中，前三类包含了目标毁伤边缘，是对毁伤提取有用的轮廓边缘，第四类边界需要利用一定的特征滤除。

为了达到这一目的，定义轮廓线的平均对比度、平均梯度以及闭合性等特征对轮廓线进行滤除操作。设 l 表示图像中的一条轮廓线，轮廓线的平均对比度、平均梯度定义如下：

$$C(l)=\frac{1}{n}\sum_{i\in e}f_c(l_i) \tag{6.22}$$

$$G(l)=\frac{1}{n}\sum_{i\in e}g(l_i) \tag{6.23}$$

式中：l_i 为轮廓线上第 i 个点；n 为该轮廓线点的个数；$f_c(l_i)$ 表示轮廓线上每一点对应的对比度，它为当前轮廓点垂直轮廓方向上的邻接点灰度值差的绝对值；$g(l_i)$ 表示当前轮廓点上的梯度值。

闭合轮廓是指起点与终点相重合的轮廓线，半闭合轮廓是起点与终点之间的距离与长度的比值小于某一阈值的轮廓。半闭合轮廓可表示为

$$\frac{\mathrm{dist}(l_1 - l_n)}{n} \leqslant R_{\mathrm{th}} \tag{6.24}$$

式中：$\mathrm{dist}(l_1 - l_n)$ 表示轮廓起点 l_1 与终点 l_n 之间的距离。

不规则轮廓的滤除步骤如下：

1) 遍历所有轮廓线，分别利用式(6.22)和式(6.23)计算轮廓的平均对比度和平均梯度。

2) 设定一定的阈值 C_{th}、G_{th} 和 R_{th}，保留平均对比度和平均梯度大于阈值 C_{th}、G_{th} 的轮廓以及闭合、半闭合轮廓，利用式(6.24)判断轮廓的闭合性，对比轮廓的平均对比度、平均梯度以及轮廓的闭合性，消除其余轮廓线。

6.5 毁伤目标直线特征提取

直线特征提取包括线基元提取和直线连接，直线特征提取算法基本流程如图 6.5 所示。

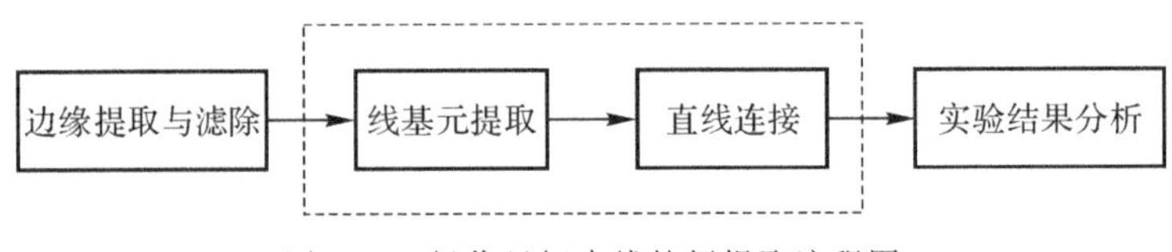

图 6.5 毁伤目标直线特征提取流程图

6.5.1 线基元提取

本章利用 Radon 变换，先在经过不规则滤除后的边缘图像中进行线基元提取，并设计适应度函数，利用启发式连接的思想，实现直线的连接组织，从而得到清晰准确的毁伤目标直线信息。

(1)Radon 变换基本原理

在任意空间域中，一个 n 维函数 $f(x_1, x_2, \cdots, x_n)$ 的 Radon 变换被定义为 $n-1$ 维超平面上的积分值。当 $n=2$ 时，Radon 变换就是计算图像在某一指定角度射线方向上投影的变换。二维平面 $I(x, y)$ 的 Radon 变换公式为

$$f(\rho, \theta) = \iint_D I(x, y)\delta(\rho - x\cos\theta - y\sin\theta)\mathrm{d}x\mathrm{d}y \tag{6.25}$$

式中：D 为整个图像平面；$I(x,y)$ 为图像上点的灰度值；δ 为 Dirac 函数；$\delta(x)=\begin{cases}0, & x\neq 0\\1, & x=0\end{cases}$；$\rho$ 为 $f(x,y)$ 上的点在投影线上的投影点到中心点的距离。

$$\rho = x\cos\theta + y\sin\theta,\quad 0\leqslant\theta\leqslant\pi \tag{6.26}$$

式中：θ 为投影线与水平轴的夹角。

Radon 变换将图像从灰度平面映射到参数(ρ,θ)平面，求出各个图像函数 θ 值的投影，从而对图像进行全角度观察。如果图像中存在直线，在法线方向上的直线投影最大，在参数平面(ρ_0,θ_0)处该直线会也形成一个峰值，通过提取峰值对应的(ρ_0,θ_0)，就可以得到图像平面中直线的偏移量和斜率。

(2)Radon 变换的线基元提取

对图像经过边缘特征提取及轮廓跟踪滤波之后，利用 Radon 变换对图像进行线基元提取，具体算法流程如图 6.6 所示。

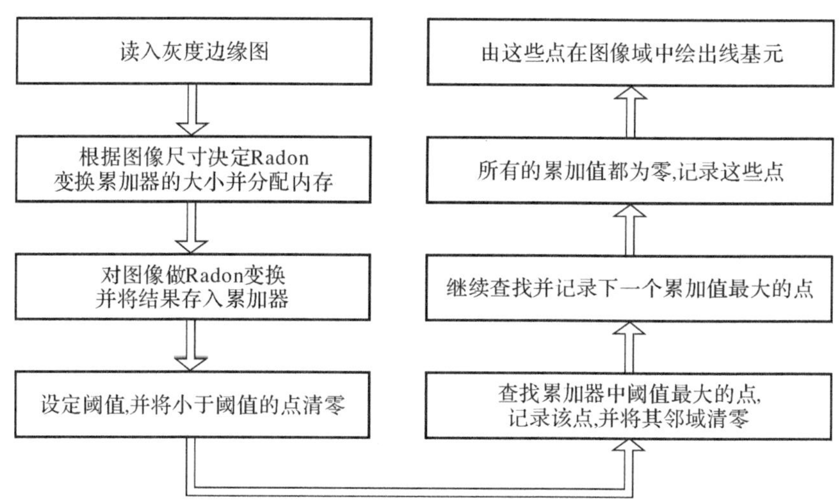

图 6.6　Radon 变换的线基元提取

6.5.2　直线连接

首先设计一定的适应度函数，将图像中的线基元看作节点，将线基元的端点坐标、斜率等信息作为节点的状态，利用适应度函数将具有最小损失路径的节点连接起来。

(1)适应度函数设计

判断两条直线是否可以连接，需要满足以下标准：

1）邻近性特征。

设两条线段 a、b 的长度分别为 l_1 和 l_2，两端点的最短距离为 dist_1，线段 a 的端点为当前节点，其邻近性特征的概率密度函数为

$$P_1(\text{dist}_1)=1-\frac{\text{dist}_1}{\lambda},\quad \text{dist}_1\leqslant\lambda \tag{6.27}$$

式中：λ 为两条线段的宽度之和。

2）共向性特征。

两线段的夹角为 $\theta=\begin{cases}|\theta|, & |\theta|\leqslant\dfrac{\pi}{2}\\ \pi-|\theta|, & \dfrac{\pi}{2}<|\theta|<\pi\end{cases}$，其共向性可以定义为两线段所夹的锐角 θ 的函数，有

$$C(\theta)=\begin{cases}1-\theta\times\dfrac{16}{\pi}, & \theta\in\left[0,\dfrac{\pi}{16}\right]\\ 0, & \theta>\dfrac{\pi}{16}\end{cases} \tag{6.28}$$

3）重叠性特征。

设两条线段分别为 p_1p_2 和 q_1q_2，p_1 和 q_1 分别是两线段的左侧端点，p_2 和 q_2 分别是两线段的右侧端点。从 q_1 向线段 a 垂直投影，垂足到 p_2 的距离 dist_2 表示两线段的重叠程度。这一特征的概率密度函数定义为

$$O(\text{dist}_2)=1-\frac{\text{dist}_2}{\lambda} \tag{6.29}$$

式中：λ 为两条线段的宽度之和。

4）共线误差。

设线段 a、b 的距离为 dist_3，共线误差定义为

$$m(\text{dist}_3)=\begin{cases}1-\dfrac{\text{dist}_3}{\lambda_1}, & \text{dist}_3<\lambda_1\\ 0, & \text{其他}\end{cases} \tag{6.30}$$

式中：λ_1 为两条线段的宽度之和。

设计的适应度函数是由以上四个因素构成，即

$$f_{ij}=\alpha\max(P_{ij},O_{ij})+\beta\theta_{ij}+\gamma m_{ij} \tag{6.31}$$

式中：α、β、γ 为各种度量的影响因子，可以根据实际情况设置。

由于在进行直线特征提取时，会有相干斑噪声的影响，同一条线段有可能断裂成比较重叠的两小段，因此，将邻近性和重叠性的最大值作为两节点距离关系的度量以准确反映其相互位置关系。

(2)直线特征连接

依据设计的适应度函数,将具有最小损失路径的节点连接起来,其具体直线特征连接方法流程如图 6.7 所示。

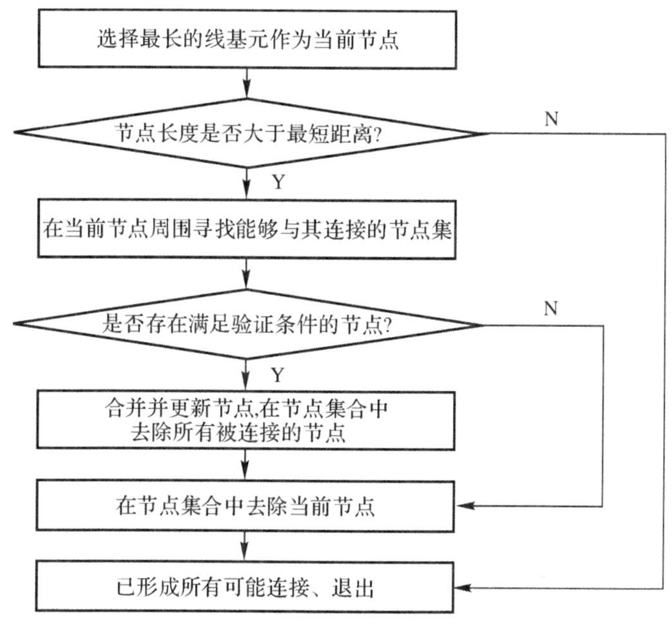

图 6.7　直线特征连接流程图

根据以上边缘特征及直线特征提取算法,对如图 6.2 所示毁伤目标进行直线特征提取,边缘特征提取结果如图 6.8 所示,Radon 变换直线特征提取结果如图 6.9 所示。

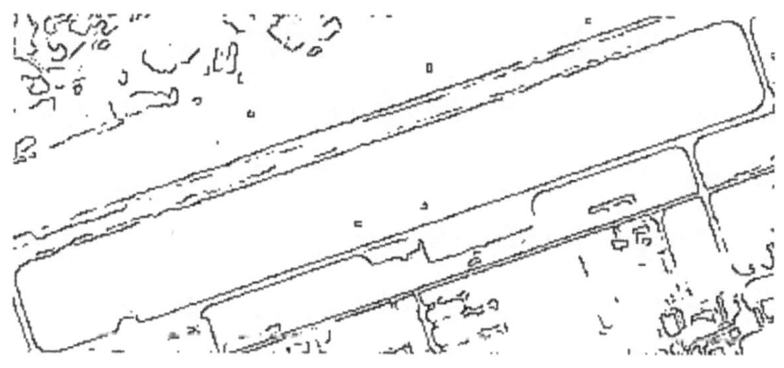

图 6.8　机场边缘特征提取结果

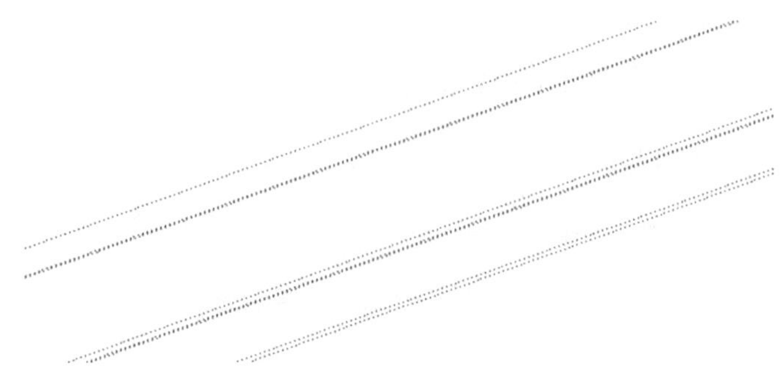

图 6.9 机场直线特征提取结果

6.6 仿真实验

某一地区经过导弹打击之后，毁伤道路图像如图 6.10 所示，弹坑发生形变。对此毁伤道路信息进行特征提取，较好地保留位于道路边界上的弹坑轮廓，同时消除图像中的长曲线轮廓，以便于决策者对此道路的弹坑毁伤程度进行分析与评估。

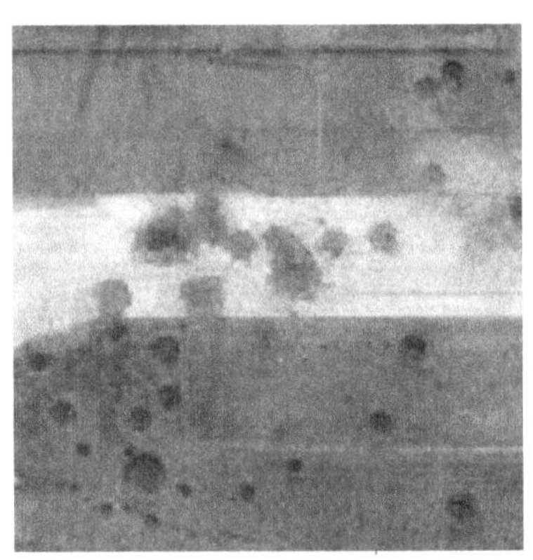

图 6.10 某一地区道路弹坑毁伤图像

(1)边缘特征提取

要有效地提取出图 6.10 中发生形变的弹坑毁伤道路信息，首先依据前面的方法，对此图像进行边缘特征提取。图 6.11 给出了采用 Canny 算子对图 6.10 进行边缘提取的结果图像，其中图 6.11(a)为边缘检测的结果，图 6.11(b)为将图像的 Canny 边缘结果叠加到原图像上的结果。其中主要参数设置为 $\sigma=1$，$T_1=0.08$，$T_2=0.20$。

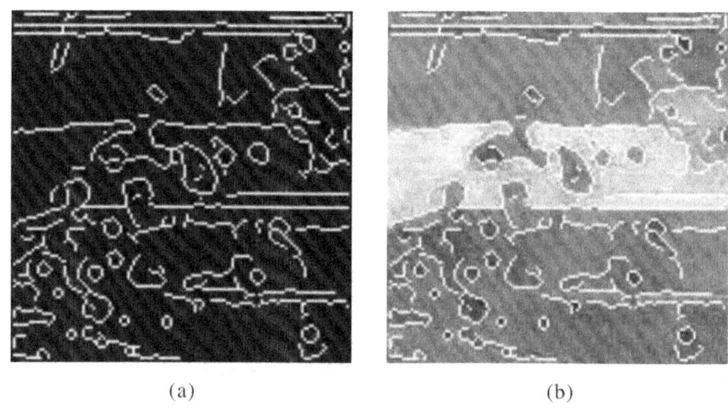

(a)　(b)

图 6.11　毁伤道路边缘特征提取结果

(a)边缘提取结果；(b)叠加原图效果

由图 6.11 可以看出，Canny 算子能够较好地提取出道路目标的毁伤边缘特征，但 Canny 算子在有效提取道路毁伤边缘的同时，也提取了大量地面细节边缘。道路中复杂的背景边缘不仅增加了算法的计算量，同时也给道路毁伤提取带来了干扰。因此，需要对这些边缘进行一定的滤除操作。

(2)轮廓跟踪

对毁伤道路的边缘特征提取结果进行轮廓跟踪，滤除其中的复杂背景，图 6.12 给出了对图 6.11 进行不规则轮廓滤除的结果图像，其中图 6.12(a)为不规则轮廓滤除的结果图像，图 6.12(b)为将不规则轮廓滤除的结果叠加到原图像上的效果。平均对比度、平均梯度以及轮廓半闭合性的阈值 C_{th}、G_{th} 和 R_{th} 分别设置为 55、20 和 0.2。

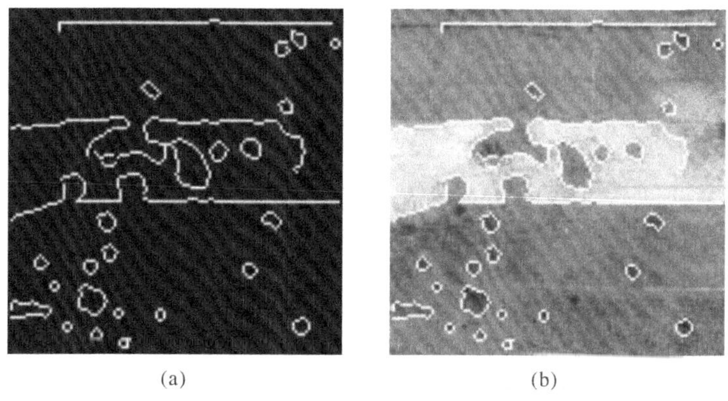

(a)　(b)

图 6.12　轮廓跟踪结果

(a)不规则轮廓滤除结果；(b)叠加原图效果

(3)线段提取

基于直线特征提取方法,利用 Radon 变换,对图 6.12 进行长轮廓线特征点(线基元)提取,并且对长轮廓线进行分段处理的结果如图 6.13 所示。

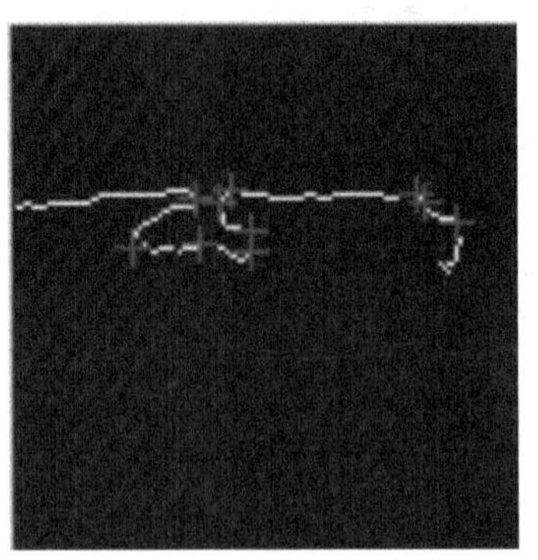

图 6.13 长轮廓线特征点提取结果

计算出特征曲线上各点的曲率,做出变化率曲线,其中,横坐标表示轮廓像素点序列,纵坐标为变化率,"+"对应轮廓线中的特征点,如图 6.14 所示。

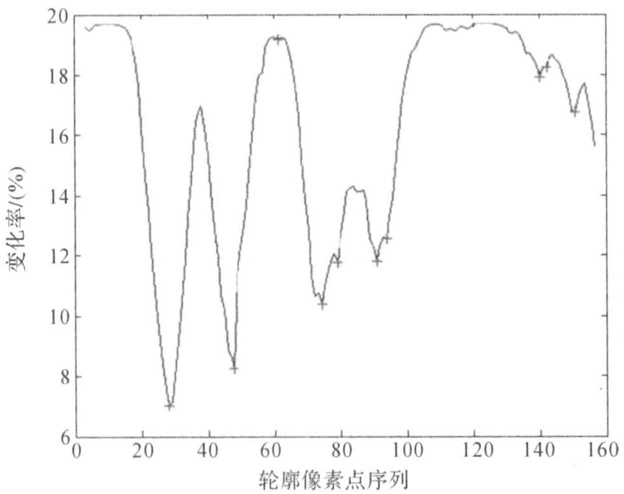

图 6.14 长轮廓线上点的变化率曲线

依据特征曲线变化曲率,设计一定的适应度函数,利用启发式连接的思想,实现直线的连接组织,对线基元连接,从而得到清晰、准确的线段提取结果,如图 6.15 所示。

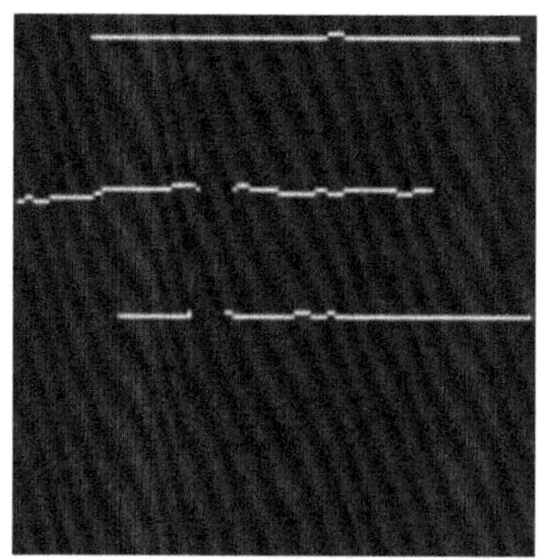

图 6.15　线段提取结果

(4) 平行线检测

对此毁伤道路进行平行线检测：平行线检测技术所使用的测量参数如图 6.16 所示。其中，线段端点为 (A,B,C,D) 和 (A',B',C',D') 分别是 (A,B,C,D) 在另一条直线上的投影，$d_1 \sim d_4$ 分别是每条直线端点到另一条直线的距离，θ 为两条直线的夹角。

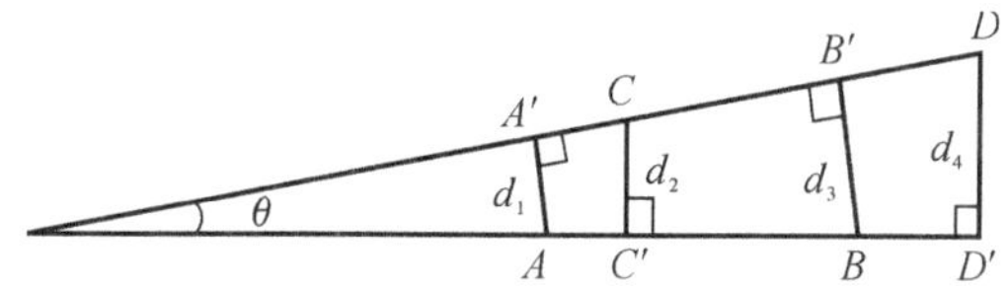

图 6.16　判断平行线标准

平行线检测具体规则为

$$\left.\begin{array}{l} |\theta| < T_1 \\ T_2 < \underset{i}{\forall} |d_i| < T_3 \end{array}\right\} \tag{6.32}$$

在图 6.16 中，B' 和 C' 分别为所在线段 CD 和 AB 的内点。如果两个内点在同一直线上，那么这两个内点距离必须大于一个门限 T_4；如果不在同一直线上，那么一个内点和另一个内点所对应线段端点的距离也大于门限 T_4，即

$$|CB' - C'B| > T_4 \tag{6.33}$$

毁伤道路目标参数估计：如果提取的平行线绝对平行，即两线段的方向夹角相等，那么线段方向角即为道路方向角，线段间距离为道路宽度。但是，这种情况很难达到，一般近似平行线的角度均值作为道路的方向角，在图 6.16 中，$d_1 \sim d_4$ 均为毁伤道路的宽度。

(5)毁伤道路连接

众所周知,众多道路段相互连接构成道路网,因此,要从图像中判别出连续性的道路线段,就必须对满足一定条件的线段进行连接。

首先,明确路段之间的连接准则:

1)端点距离相近、方向一致的路段,可能为同一路段;

2)两个路段的端点在一个距离范围内构成首尾相连关系,但方向相差较大,可能为路段的方向发生变化;

3)近似构成相交关系的路段,可能为路段的交叉。

其次,根据以上路段连接准则,先连接突出路段,再以提取出的突出路段为种子,对各平行线段按照迭代方式进行搜索,判断是否符合道路连接约束。对于符合者,判定为道路,并且作为新的"种子",进一步进行搜索,直到考察了所有的线段。

最后,删除提取的路段中不能和其他路段构成连接关系的孤立的路段。

对如图 6.15 所示的直线段提取结果经过平行线检测和毁伤道路的连接,得到的结果如图 6.17 所示。

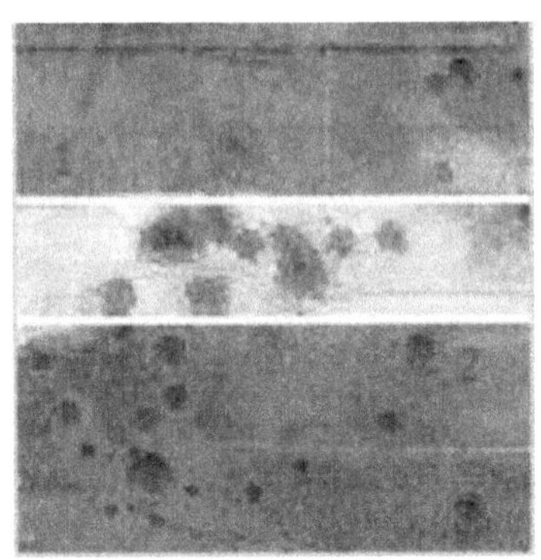

图 6.17　毁伤道路提取结果

由图 6.17 可以看出,平行线检测算法能够有效提取出毁伤道路的平行线参数,见表 6.1。

表 6.1　毁伤道路的参数

直线编号	θ	ρ/m
1	1.570 8	43.165 8
2	1.570 8	72.165 8

依据表 6.1 中毁伤道路参数信息，对图 6.15 滤除非毁伤道路长轮廓线，结果如图 6.18 所示。

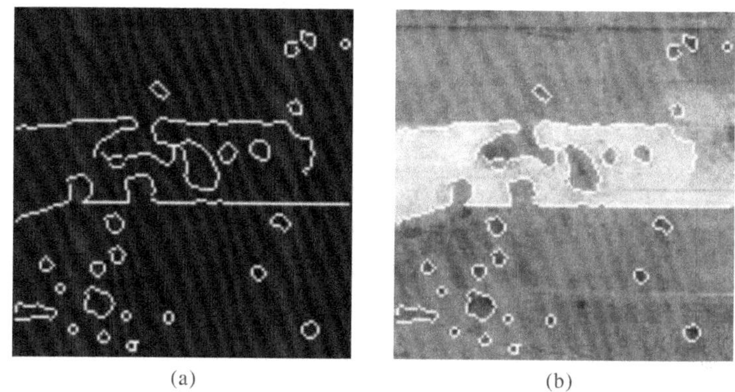

(a) (b)

图 6.18 毁伤道路特征提取结果

(a)消除非道路长轮廓线结果； (b)叠加原图效果

由图 6.18 可以看出，采用本章提出的基于轮廓分析的毁伤道路提取算法，能够有效地保留道路边界上的弹坑毁伤，同时消除图像其他长轮廓线。

6.7 本章小结

对多源图像信息的特征提取是进行特征层融合的第一步，也是至关重要的一步。本章依据毁伤目标信息的线性特征，提出了一种基于轮廓分析的几何线目标毁伤特征提取策略。主要内容如下：

1）利用 Canny 算子对毁伤图像目标进行边缘特征提取；针对实际毁伤目标所在背景复杂的特点，在轮廓跟踪的基础上依据一定的特征滤除不规则地物轮廓；为了较好地保留目标毁伤轮廓，利用 Radon 变换对毁伤目标进行直线特征提取。

2）利用仿真实验用以上方法对道路毁伤的特征提取问题进行了研究，取出了明显的毁伤道路特征信息，验证了此几何目标线特征提取方法的有效性，其方法也可借鉴于其他几何目标形状的特征提取。

第 7 章　多源目标毁伤图像信息的特征关联

7.1 引　言

特征关联是在图像特征提取的基础上进一步构造各个目标的特征，并直接对目标特征进行匹配，目的是获得清晰的图像本质结构，消除各种成像畸变因素的影响，为后续处理提供更可靠的信息。特征关联是通过计算几组图像特征的相似度来判别目标是否存在对应关系。图像矩特征描述的是图像几何形状的全局特征，并提供大量的关于该图像不同类型的几何特征信息，而且对于复杂的毁伤区域图形，也可以通过矩和轮廓描述符来描述复杂物体。本章基于区域不变矩的特征关联算法研究多源目标图像信息特征关联。

7.2 基于区域不变矩的毁伤图像特征关联方法

基于区域不变矩的特征关联算法的基本思想是：首先，在对两幅图像进行区域分割后，分别计算图像中各个区域的不变矩特征；其次，基于区域的相似性度量算法计算待匹配图像中某一区域的不变矩与参考图像中各个区域的不变矩的相似度；最后，将两幅图像中的不变矩特征匹配起来，得到区域不变矩特征的对应关系。其基本框图如图 7.1 所示。

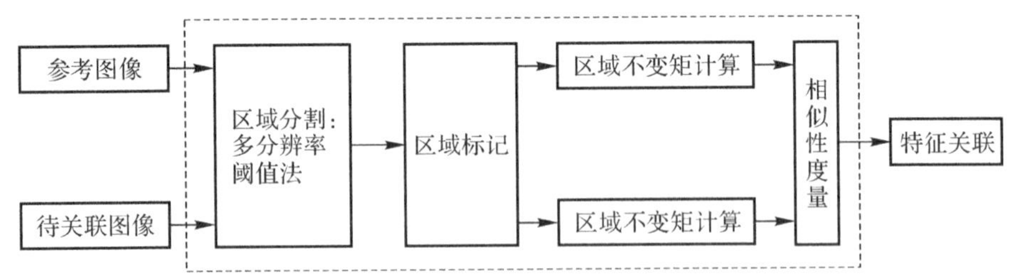

图 7.1　特征关联算法框图

7.2.1　区域分割

区域分割的基本准则是取于图像内部的特征或属性（如明亮度、色彩或纹理)是相同的或相似的,而在不同的区域中这些特征或属性存在着差异,即:区域分割具有均匀性、连通性、边缘完整性、反差性等特点。

现有的区域分割算法基本可以分为基于区域的方法(区域生长法)、基于边缘的方法、阈值分割法等。基于区域的图像分割方法是区域生长法,区域生长法的关键是生长准则的确定,但是基本的区域生长法仅限于局部搜索范围,并且种子像素的选取也具有一定的不确定性;基于边缘的方法假设区域之间的边界上像素的灰度变化显著,在提取闭合边界的基础上进行区域填充,得到区域的表示,但是这种方法首先要对灰度图像进行边缘特征提取,增加了难度和计算量;阈值化方法假设图像中像素特性(例如灰度、颜色)在一个范围内的像素属于同一类实际的景物,但是阈值化方法对不均匀亮度图像无法有效分割。

基于以上现有算法的缺陷性,在此采用多分辨率阈值选取方法,按最小距离法求得最优阈值,并以最优阈值对图像进行分割。其详细步骤如下。

(1)图像的小波分解

选择 Daubechies 小波基对图像进行小波分解,小波变换的尺度分别取为 2^1、2^2、2^3。

(2)小波域内的非线性软阈值去噪

应用 David L. Donoho 的软阈值(Soft - Thresholding)理论,选取合适的阈值,在实际应用中,噪声级是未知的,尺度估计为 $\hat{\sigma}=\mathrm{MAD}/0.6754$。其中,MAD(Median Absolute Value,绝对中位差)即适当地归一化后,细尺度小波系数的中值的绝对值。

在小波域内,滤波非线性软阈值算子 T_θ 为

$$T_\theta=\operatorname{sgn}(p)\left(|p|-\theta\right)_+=\begin{cases}p-\theta, & p>\theta\\ 0, & -\theta\leqslant p\leqslant\theta\\ p+\theta, & p<-\theta\end{cases}\tag{7.1}$$

式中:p 是对原始图像 f 小波变换得到的系数图像;阈值 θ 与图像的方差和大小有关,可以从所观测的图像估计得到 $\theta_n=\sigma\sqrt{2\lg n/n}$。最后,进行小波反变换 $\hat{f}(d_i)=W^{-1}\left[T_\theta(W_{d_i})\right]$ 得到去噪后的图像。

(3) 多分辨率阈值选取

通过考察去噪后的图像的直方图及各尺度 2^j 下的小波变换表示,求出每一个尺度下的近似信号 $S_{2^j}H(x)$ 和细节信号 $W_{2^j}H(x)$,通过计算低分辨率下的近似信号 $S_{2^j}H(x)$ 的极大值,根据独立峰宽度判断准则确定出分割区域类数。对在最低分辨率下选取的所有阈值进行逐层反向跟踪,找出最高分辨率下所对应阈值作为最优分割阈值。

(4) 最优阈值分割图像

设最优阈值分别为 $T_1, T_2, \cdots, T_K$(K 为正整数),即可用这组最优阈值分割原图像 $f(x,y)$,得到以下分割结果:

$$g(x,y)=\begin{cases} C_0, & 0 \leqslant f(x,y) < T_1 \\ C_1, & T_1 \leqslant f(x,y) < T_2 \\ \vdots & \vdots \\ C_K, & T_K \leqslant f(x,y) \end{cases} \tag{7.2}$$

式中:$C_K(k=0,1,2,\cdots,K)$ 表示分割后的类别代码。

(5)极大模重建图像

在每一个尺度沿着角度 Arg[WTf]给出方向检测局部极大模 Mod[WTf],求出并记录极大模的位置,分别沿着图像行与列方向检测 Mod[WTf]的局部极大值。根据以下准则确定出整个图像的极大值:当行与列检测结果至少存在一个极大值时,图像赋值为 1;否则,赋值为 0。

依据以上算法步骤,对××地区 C 波段机载雷达遥感图像进行区域分割,如图 7.2(a)所示,选用的 Daubechies 小波系数(简称 DB4),当 $N=2$ 时,有

$h_0(0)=0.482\ 962\ 913\ 144\ 534\ 1$　　$h_0(1)=0.836\ 516\ 303\ 737\ 807\ 7$

$h_0(2)=0.224\ 143\ 868\ 042\ 013\ 4$　　$h_0(3)=-0.129\ 409\ 522\ 551\ 260\ 3$

$h_1(0)=-0.129\ 409\ 522\ 551\ 260\ 3$　　$h_1(1)=-0.224\ 143\ 868\ 042\ 013\ 4$

$h_1(2)=0.836\ 516\ 303\ 737\ 807\ 7$　　$h_1(3)=-0.482\ 962\ 913\ 144\ 534\ 1$

小波分解三层,图 7.2(a)是原图,图 7.2(b)是一级处理结果,图 7.2(c)为小波分解三级示意图。在复杂信号的分析中有时需要对细节函数进行几层分解,其结果如图 7.2(d)所示。

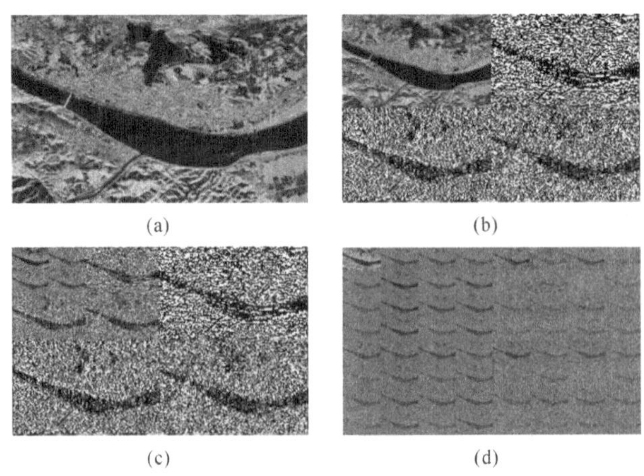

(a)　(b)　(c)　(d)

图 7.2　小波分解结果

(a)原图; (b)小波分解一级示意图; (c)小波分解三级示意图; (d)小波包分解三级示意图

对小波域内的非线性软阈值去噪过程中，原始图像 7.3(a)引入了随机噪声[见图 7.3(b)]以验证其消噪的效果。采用软阈值技术消噪，结果如图 7.3(c)所示；采用全局软阈值技术，即采用统一的阈值进行消噪处理，结果如图 7.3(d)所示。

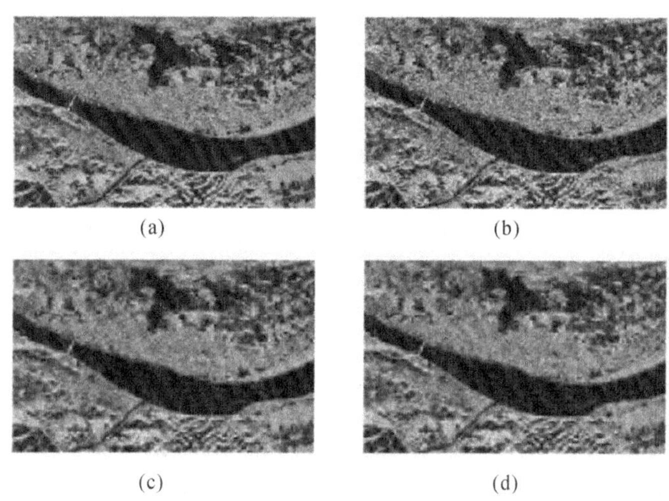

图 7.3　非线性软阈值去噪结果

(a)原始图像；(b)含噪声图像；(c)独立软阈值消噪图像；(d)全局软阈值消噪图像

图 7.3 中图像的均值和标准差见表 7.1。由表 7.1 可以看出，对于基准图像 7.3(a)，含噪声的图像 7.3(b)的相关参数与原始图像都存在较大的差别。经过软阈值消噪处理后，图像 7.3(c)(d)与原始图像在均值上比较接近，且标准差更小。这说明小波域内的非线性软阈值去噪算法对于小波的随机噪声有一定的抑制作用。

表 7.1　图像相关参数

相关参数	图像			
	(a)	(b)	(c)	(d)
均值	97.785 3	97.905 6	97.865 2	97.865 3
标准差	57.850 2	60.574 3	54.475 2	54.475 6

基于图像多分辨率阈值选取方法，需要考察软阈值消噪后的图像的直方图，如图 7.4 所示。

根据多分辨率阈值选取原则，依次求出原始直方图在不同尺度下的小波分解示意图。

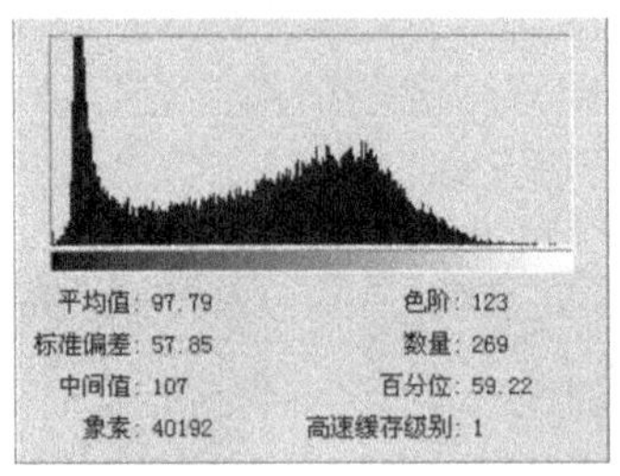

图 7.4 消噪后图像直方图

在低分辨率下利用直方图细节信息确定分割区的类数为两类——图像分割类数及各尺度下搜索的最优分割阈值，结果见表 7.2。

表 7.2 按最小距离法求得最优阈值

分辨率	T_1	T_2
2^1	2	64
2^2	3	60
2^3	2	56

按照最优阈值对考察图像进行分割，并极大模重建图像，对重点目标区域进行标记，处理结果如图 7.5 所示。

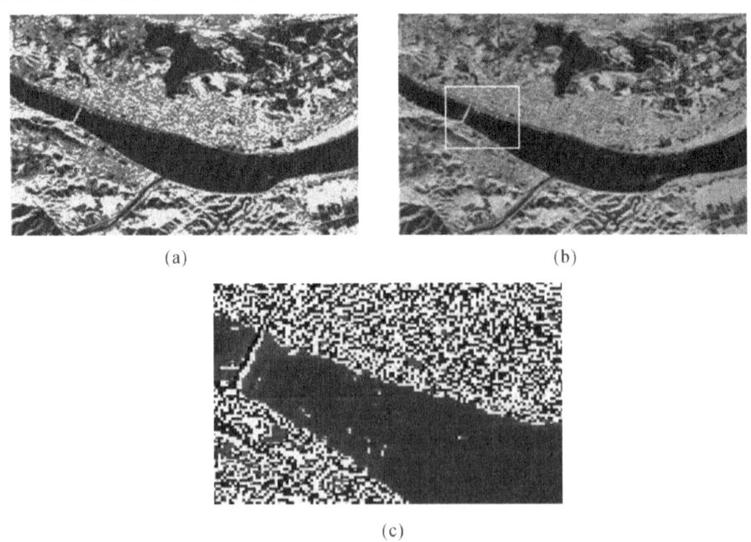

(a)

(b)

(c)

图 7.5 区域分割结果

(a)分割结果示意图；(b)区域分割后对目标的选择与标定；(c)对标定的区域进行目标分割检测结果

按照以上方法对目标图像进行区域分割且将分割图像二值化后，对其二值化图像区域给予标定，提取出用于后续处理的有效区域，对此有效区域进行区域不变矩特征计算。

7.2.2　区域不变矩特征计算

不变矩是由矩的商和幂形成的，它考虑的是目标的统计特性，具有平移、旋转、缩放等不变性。不变矩的理论基础如下：

若 $f(x,y)$ 为分片连续函数，且它只在平面的有限区域内有非零值，则 $f(x,y)$ 的所有各阶矩都存在，并且 $f(x,y)$ 能唯一地确定一个矩序列 $\{m\}$；反之，矩序列 $\{m\}$ 也唯一确定 $f(x,y)$。

设目标区域 D 中的灰度分布为 $f(x,y)$，$(x,y)\in D$ 为描述目标，将区域 D 以外的区域 $\bar{D}$ 的灰度分布视为 0，于是目标的 $p+q$ 阶区域混合原点矩为

$$m_{pq}=\iint\limits_{D}x^{p}y^{q}f(x,y)\mathrm{d}x\mathrm{d}y,\quad p,q=0,1,2,\cdots \tag{7.3}$$

$(p+q)$ 阶区域中心矩为

$$u_{pq}=\iint\limits_{D}(x-\bar{x})^{p}(y-\bar{y})^{q}f(x,y)\mathrm{d}x\mathrm{d}y,\quad p,q=0,1,2,\cdots \tag{7.4}$$

式中：$(\bar{x},\bar{y})$ 为灰度图像 $f(x,y)$ 的灰度质心。

$$\bar{x}=\frac{m_{10}}{m_{00}} \tag{7.5a}$$

$$\bar{y}=\frac{m_{01}}{m_{00}} \tag{7.5b}$$

规格化的中心矩定义为

$$\eta_{pq}=\frac{\mu_{pq}}{\mu_{00}^{r}} \tag{7.6}$$

式中：$r=\dfrac{p+q+2}{2}(p+q=2,3,\cdots)$。

对于数字图像 $f(i,j)$，其 $p+q$ 阶原点矩和中心矩分别定义为

$$m_{pq}=\sum_{i}\sum_{j}i^{p}j^{q}f(i,j) \tag{7.7}$$

$$u_{pq}=\sum_{i}\sum_{j}(i-i_{0})^{p}(j-j_{0})^{q}f(i,j) \tag{7.8}$$

式中：$i_{0}=\dfrac{m_{10}}{m_{00}}$，$j_{0}=\dfrac{m_{01}}{m_{00}}$。

利用以上给出的关系，可以导出下面由不高于 3 阶的中心矩构造的 7 个不变矩函数式(Hu 矩)，这 7 个矩函数式满足平移和旋转不变性。

$$\phi_1 = \eta_{20} + \eta_{02} \tag{7.9}$$

$$\phi_2 = (\eta_{20} - \eta_{02})^2 + 4\eta_{11}^2 \tag{7.10}$$

$$\phi_3 = (\eta_{30} - 3\eta_{12})^2 + (3\eta_{21} - \eta_{03})^2 \tag{7.11}$$

$$\phi_4 = (\eta_{30} + \eta_{12})^2 + (\eta_{21} + \eta_{03})^2 \tag{7.12}$$

$$\begin{aligned}\phi_5 = &(\eta_{30} - 3\eta_{12})(\eta_{30} + \eta_{12})[(\eta_{30} + \eta_{12})^2 - 3(\eta_{21} + \eta_{03})] + \\ &(3\eta_{21} - \eta_{03})(\eta_{21} + \eta_{03})[3(\eta_{30} + \eta_{12})^2 - (\eta_{21} + \eta_{03})^2]\end{aligned} \tag{7.13}$$

$$\phi_6 = (\eta_{20} - \eta_{02})[(\eta_{30} + \eta_{12})^2 - (\eta_{21} + \eta_{03})^2] + 4\eta_{11}(\eta_{30} + \eta_{12})(\eta_{21} + \eta_{03}) \tag{7.14}$$

$$\begin{aligned}\phi_7 = &(3\eta_{12} - \eta_{30})(\eta_{30} + \eta_{12})[(\eta_{30} + \eta_{12})2 - 3(\eta_{21} + \eta_{03})^2] + \\ &(3\eta_{21} - \eta_{03})(\eta_{21} + \eta_{03})[3(\eta_{03} + \eta_{12})^2 - (\eta_{12} + \eta_{03})^2]\end{aligned} \tag{7.15}$$

对两幅分割后的二值化图像进行区域不变矩特征计算之后，利用区域相似性度量方法，计算目标之间的欧氏距离，最后达到区域不变矩特征关联的目的。

7.2.3 区域特征相似性度量

图像的相似性度量是建立在图像内容的基础上，由图像内容的相似度得到图像相似性的一种比较方法。目前对图像相似性度量的研究主要基于图像的颜色、纹理、形状和空间关系等特征，这些图像特征大都是以向量形式表示的。因此，常用的图像相似度度量方法都是基于向量空间模型(Vector Space Model)，即把图像特征看作向量空间的点，通过计算两点之间的接近程度来衡量图像间的相似度。

通常，特征的相似性度量采用距离法，即特征的相似性程度用特征向量的空间距离来表示。距离越大，图像之间的差别越大；反之，就越相似。图像区域的相似性度量方法还有灰度互相关法和 Fourier 方法等，在此采用明氏法对特征的相似性进行度量。

(1)距离度量

用明考斯基距离(Minkowski Distance)计算两个图像间的距离，其表达式为

$$D(X,Y) = \left(\sum_{i=1}^{7} |x_i - y_i|^p\right)^{\frac{1}{p}}, \quad p = 1,2,\cdots \tag{7.16}$$

式中：X、Y 分别表示图像；x_i、y_i 表示图像的 7 个不变矩特征。

当 $p=1$ 时，为曼哈坦距离(即绝对距离)；

当 $p=2$ 时，为欧氏距离；

当 $p=3$ 时，为切比雪夫距离。

明氏距离特别是其中的欧氏距离是人们较为熟悉的，也是使用最多的距离。

(2) 相似性度量准则

由于是对二值化图像的区域计算不变矩,所以不变矩不用归一化,直接利用求取的不变矩特征,并使用求出的特征向量计算图像与目标区域之间的不变矩特征的欧氏距离。

$$D_i(X,Y)=\sqrt{\sum_{i=1}^{M}|x_{ij}-y_j|^2} \tag{7.17}$$

式中:$i=1,2,\cdots,M$,$j=1,2,\cdots,N$;X、Y 分别表示图像;$x_{ij}=f'_{ij}$;y_j 分别表示第 i 幅图像形状特征和实际目标区域图像的形状特征。

将已知的所有图像,按照以上方法计算的欧氏距离从小到大排序,显示排在前面的若干幅图像。提取欧氏距离最小的图像的信息为图像关联的结果。

7.3 仿真实验

光学图像[见图 7.6(a)]含有三架飞机,分别编号为 1、2、3,采用多分辨率阈值法对其进行区域分割,并标定重点飞机目标。由于飞机目标的区域面积较大,标定分割的区域之后,可用阈值法去除一些杂乱的孤立点或小块区域,如图 7.6(b)所示。

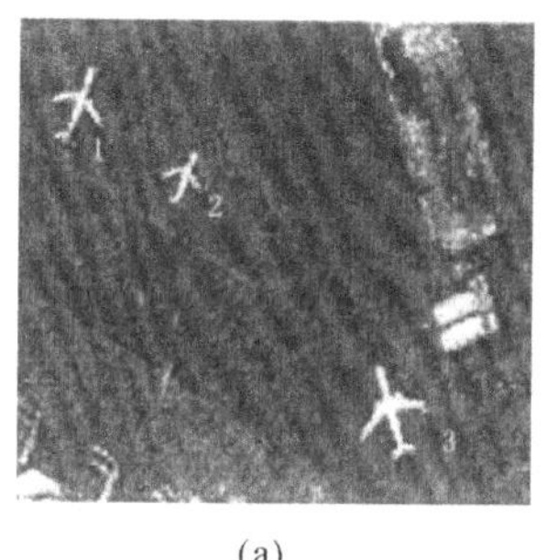

(a)

(b)

图 7.6　光学图像 1 区域分割

(a)光学图像 1;　(b)光学图像 1 区域分割结果

图 7.7(a)是同一地区的另一小块光学图像,它含有 1 架飞机目标。通过比对,可以发现图 7.7(a)与图 7.6(a)之间存在一个旋转变化,并且图 7.7(a)受噪声的干扰严重些。对图 7.7(a)同样采用多分辨率阈值法进行区域分割,经过处理后,也能将含飞机目标的区域显著地提取出来,取 50×50 的矩形框将含飞机的区域划分出来,且标定为区域 1,如图 7.7(b)所示,计算其不变矩,结果见表 7.3。

(a)

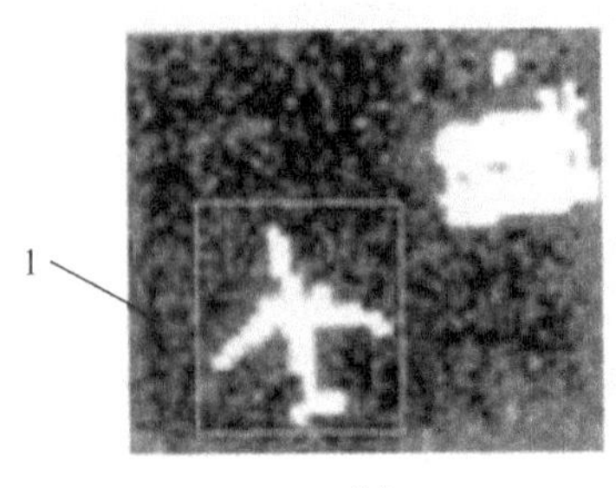

(b)

图 7.7　光学图像 2 区域分割

(a)光学图像 2；(b)光学图像 2 区域分割结果

表 7.3　区域 1 的 Hu 不变矩

不变矩	ϕ_1	ϕ_2	ϕ_3	ϕ_4	ϕ_5	ϕ_6	ϕ_7
原图	3.188 1	4.331 6	6.078 3	4.720 0	9.820 4	6.739 9	10.089 7

在图 7.6(b)中可用稍微大一些的矩形框进行行和列的滑动，每滑动一次都计算一次矩形框内的不变矩，部分不变矩见表 7.4。

表 7.4　矩形框内的部分不变矩

ϕ_1	ϕ_2	ϕ_3	ϕ_4	ϕ_5	ϕ_6	ϕ_7	欧氏距离
3.745 2	4.846 4	6.420 3	4.051 6	9.187 8	5.086 0	8.998 8	5.464 7
3.185 6	4.920 4	6.526 7	4.496 2	9.162 9	5.916 6	9.289 1	2.348 9
3.173 2	4.156 5	6.582 8	4.071 3	9.461 3	6.170 8	9.492 5	1.169 0
3.358 4	4.880 7	6.477 5	4.074 9	8.818 9	5.335 4	9.517 7	4.205 9
3.755 2	4.905 8	6.371 0	4.089 9	9.729 7	5.438 8	8.957 1	4.057 7
…	…	…	…	…	…	…	…

通过表 7.4 中区域不变矩与表 7.3 中的区域不变矩，计算它们之间的欧氏距离，得到最小欧式距离相对应的不变矩为第三组不变矩，并将其作为关联上的不变矩，从而将区域 1 对应到图 7.6(b)划定的区域上，可以确定图 7.7(b)中的飞机目标对应于图 7.6(b)中飞机目标 3。

7.4　本章小结

多源图像信息特征关联算法主要是在采用各种算法提取多源图像的边界、纹理、熵、能量、不变矩等特征的基础上进行特征集的匹配，或者在提取的特征基础上进一步构造出各种目标的特征等，直接对目标特征进行关联。主要内容包括：

(1)首先，本章采用了多分辨率阈值选取方法，根据图像小波分解后的最小距离求得最优多分辨率阈值，对多源图像进行分割，标定重点目标区域；其次，介绍了不变矩的相关理论，求出分割图像的区域不变矩特征；最后，求取了图像不变矩特征间的欧氏距离进行相似性度量，达到区域不变矩的特征关联的目的。

(2)利用仿真实验对上述方法进行验证，实验结果表明：在特征层上对图像特征进行关联能获得比像素层配准算法更稳健的结果，能充分地将多源图像信息间互补的特征体现出来；其方法也可借鉴于其他多源毁伤目标的特征关联。

第 8 章　多源目标毁伤图像信息的特征层融合

8.1 引　　言

前面研究了多源图像的特征提取与特征关联，本章基于 BP 神经网络，对多源毁伤图像信息的特征层融合方法进行研究。BP 神经网络具有对数据类型和分布函数没有限制、对数据的要求更加灵活、容忍度更高，以及自学习、自组织和自适应、强大的非线性处理能力等优点，这些特性恰好满足了多源目标特征层信息融合技术的处理要求，因而可以利用 BP 神经网络的信号处理和自动推理功能来实现基于特征层的多源目标毁伤信息融合技术。

8.2 BP 神经网络

BP 神经网络又称为前馈型神经网络，它由输入层、中间层和输出层组成，其结构如图 8.1 所示。

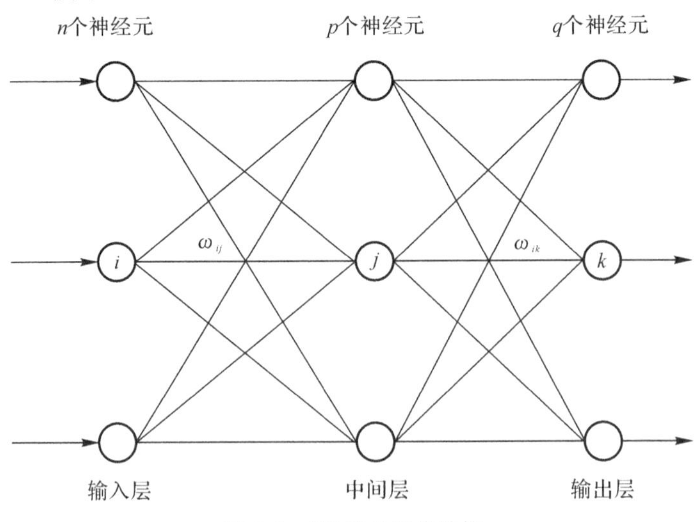

图 8.1　BP 神经网络结构

输入层:如果输入矢量为图像,那么输入层的神经元数目可以为图像的像素数,也可以是经过处理的图像的特征数。

中间层:也称为隐含层,可以是一层或者多层。

输出层:输出层输出网络训练的结果矢量,输出矢量的维数应根据具体的应用要求来设计。在设计时,应尽可能缩小设计的规模,以降低系统的复杂性。

8.2.1　BP 神经元模型

一个基本的 BP 神经元模型如图 8.2 所示,它有 n 个输入,每个输入都通过一个权值 $\omega_i(i=1,2,\cdots,n)$ 连接到神经元节点上。输出函数 $y=f(\alpha,\theta)$,α 即为全部输入的加权和,$\alpha=\sum\omega_i x_i$,并且 α 作为传输函数 f 的输入,传输函数的另一个输入是神经元的阈值 θ。

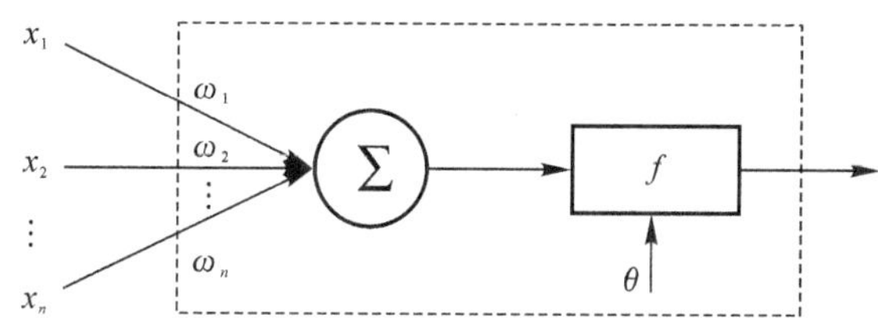

图 8.2　BP 神经元模型

BP 神经网络中隐含层传输函数可以采用 S 型对数函数、S 型正切函数和线性函数等。BP 神经元模型中的权值和输入矩阵可以写成

$$\boldsymbol{W}=[\omega_1 \quad \omega_2 \quad \cdots \quad \omega_n]^{\mathrm{T}} \tag{8.1a}$$

$$\boldsymbol{X}=[x_1 \quad x_2 \quad \cdots \quad x_n]^{\mathrm{T}} \tag{8.1b}$$

神经元模型的输出结果可以表示为

$$y=f(\boldsymbol{W}\cdot\boldsymbol{X}+\theta)=f\left(\sum_{i=1}^{n}\omega_i x_i+\theta\right) \tag{8.2}$$

图 8.2 中传输函数的另一个输入分量为阈值,它在网络的设计中起着重要的作用,使得传输函数的图形可以左右移动,从而增加了解决问题的可能性。因此,可将阈值也作为一个权值,将其输入设为固定常数 1(即令 $x_0=1$),其权值 ω_0 即为阈值 θ。

8.2.2　BP 学习算法

为了研究神经网络是怎样从经验中学习的,应该首先向网络提供一些训练例子,并可以通过下述方法,教会一个三层前馈网络完成某个特定的任务。算法步骤如下:

1)向网络提供训练例子,即学习样本,包括输入单元的活性模式和期望的输出单元活性模式;

2)确定网络的实际输出与期望输出之间允许的误差;

3)改变网络中所有的连接权值,使网络产生的输出更接近于期望的输出,满足确定的允许误差。

BP 学习算法是一种有监督的学习过程,它是根据给定的输入/输出样本对来进行学习,并通过调整网络连接权值来体现学习的效果。就整个 BP 神经网络来说,一次学习过程由输入数据的正向传播和误差的反向传播两个子过程组成。设有 N 个学习实例(X_k,Y_k^*),$k=1,2,\cdots,N$,在 BP 神经网络正向传播过程中,学习实例 k 的输入向量 $\boldsymbol{X}_k=[x_{1k} \quad x_{2k} \quad \cdots \quad x_{nk}]$。从输入层的 n 个节点输入,经隐含层逐层处理,在输出层的 m 个节点的输出端得到实例 k 的网络计算输出向量 $\boldsymbol{Y}_k=[y_{1k} \quad y_{2k} \quad \cdots \quad y_{mk}]^{\mathrm{T}}$。比较 $\boldsymbol{Y}_k$ 和实例 k 的期望输出向量 $\boldsymbol{Y}_k^*=[y_{1k}^* \quad y_{2k}^* \quad \cdots \quad y_{mk}^*]$,若 N 个学习实例的计算输出都达到期望的结果,则学习过程结束;否则,进入误差反向传播过程,把 $\boldsymbol{Y}_k$ 与 $\boldsymbol{Y}_k^*$ 的误差由网络输出层向输入层反向传播,在反向传播过程中,修改各层神经元的连接权值。

根据以上 BP 算法的基本思想,BP 神经网络反向传播算法的步骤可归纳如下:

1) 输入 N 个学习实例($\boldsymbol{X}_k$,$\boldsymbol{Y}_k^*$)($k=1,2,\cdots,N$)。

2) 建立 BP 神经网络结构。确定网络层数 $L \geqslant 3$ 和各层节点数,由学习实例输入向量 $\boldsymbol{X}_k$ 的长度 n 确定网络输入层节点数为 n;由学习实例输出向量 $\boldsymbol{Y}_k^*$ 的长度 m 确定网络输出层节点数为 m;第 l 层的节点数为 $n^{(l)}$。定义各层连接权矩阵,第 l 层连接第 $l+1$ 层的连接权矩阵为 $\boldsymbol{W}^{(l)}=[W_{ij}^{(l)}]n^{(l)} \times n^{(l+1)}$ ($l=1,2,\cdots,L-1$),初始化各连接权矩阵的元素值。

3) 输入允许误差 ε 和学习率 η,初始化迭代计算次数 $t=1$,学习实例序号 $k=1$。

4) 取第 k 个学习实例($\boldsymbol{X}_k$,$\boldsymbol{Y}_k^*$),$k=1,2,\cdots,N$,$\boldsymbol{X}_k=[x_{1k} \quad x_{2k} \quad \cdots \quad x_{nk}]^{\mathrm{T}}$,$\boldsymbol{Y}_k^*=[y_{1k}^* \quad y_{2k}^* \quad \cdots \quad y_{mk}^*]^{\mathrm{T}}$。

5) 由 $\boldsymbol{X}_k$ 进行正向传播计算。计算输入层各节点的输出为

$$O_{jk}^{(l)}=f(x_{jk}), \quad j=1,2,\cdots,n \tag{8.3}$$

逐层计算各层的节点的输入和输出为

$$I_{jk}^{(l)}=\sum_{i=1}^{n^{(l)}} \omega_{ij}^{(l-1)} O_{ik}^{(l-1)} \tag{8.4a}$$

$$O_{jk}^{(l)}=f(I_{jk}^{(l)}) \tag{8.4b}$$

式中:$l=2,3,\cdots,L$;$j=1,2,\cdots,n^{(l)}$。

6）计算输出层（第 L 层）的各输出节点误差为

$$y_{ik} = O_{jk}^{(L)} \tag{8.5a}$$

$$E_{jk} = \frac{1}{2}(y_{jk}^{*} - y_{jk})^2 \tag{8.5b}$$

式中：$j=1,2,\cdots,m$。

7）若对 N 个学习实例的任一实例 k 有 $E_{jk} \leqslant \varepsilon (j=1,2,\cdots,m)$，则学习过程结束；否则，进行误差反向传播，修改各连接权矩阵。

8）误差反向传播计算。修改第 $L-1$ 层隐含层至输出层（第 L 层）的连接权矩阵为

$$\delta_{jk}^{(L)} = -(y_{jk}^{*} - y_{jk})f'(I_{jk}^{(L)}) \tag{8.6a}$$

$$\Delta\omega_{ij}^{(L-1)}(t) = \eta\delta_{ji}^{(L+1)}O_{ik}^{(L)} \tag{8.6b}$$

$$\omega_{ij}^{(L-1)}(t+1) = \omega_{ij}^{(L-1)}(t) + \Delta\omega_{ij}^{(L-1)}(t) \tag{8.6c}$$

式中：$j=1,2,\cdots,m;i=1,2,\cdots,n^{(L-1)}$。

反向逐层修改连接各隐含层的连接权矩阵，即

$$\delta_{jk}^{(l)} = f'(I_{jk}^{(l)})\sum_{q=1}^{n^{(l+1)}}\delta_{qk}^{(l+1)}\omega_{jq}^{(l)} \tag{8.7a}$$

$$\Delta\omega_{ij}^{(l-1)}(t) = -\eta\delta_{jk}^{(l)}O_{ik}^{(l-1)} \tag{8.7b}$$

$$\omega_{ij}^{(l-1)}(t+1) = \omega_{ij}^{(l-1)}(t) + \Delta\omega_{ij}^{(l-1)}(t) \tag{8.7c}$$

式中：$l=L-1,\cdots,2,1;j=1,2,\cdots,n^{(l)};i=1,2,\cdots,n^{(l-1)}$。

9）$k=k+1(\mathrm{mod}N)$，$t=t+1$，重复步骤 4）～ 8）。

8.3　多源毁伤图像信息特征层融合系统

本节针对导弹打击效果评估问题，依据导弹攻击的特点和多源毁伤信息的特征，运用人工神经网络方法进行导弹打击效果评估中多源毁伤图像信息的特征层融合，建立基于 BP 神经网络的多源毁伤图像信息特征层融合系统，对多源毁伤图像信息进行压缩，以便于结果分析。由于所提取的特征直接与决策分析有关，因此其融合结果能最大限度地给出导弹打击效果评估中决策分析所需要的毁伤信息。

8.3.1　基于 BP 神经网络的特征层毁伤信息融合系统设计

依据 BP 神经网络特征融合系统设计需要遵循的原则，设计基于 BP 神经网络的特征层毁伤图像信息融合系统。

(1)基于 BP 神经网络的特征层毁伤信息融合系统的设计原则

1)输入归一化原则。

为了缩短训练时间,通常使用只有一个隐含层的 BP 神经网络,并采用 S 型函数(常规的 S 型函数和双曲正切函数等)的梯度法来修正 BP 神经网络的权值,将输入的数值归一化到[0,1]或者[−1,1]的范围,便于提高 BP 神经网络的学习速度。

2)监督学习的原则。

输入 BP 神经网络的样本数据不能太多,要具有一定的代表性,经过预处理的数据要由人工先验知识确定可靠的 BP 神经网络学习的期望输出模式。

(2)基于 BP 神经网络的特征层毁伤图像信息融合系统结构

该系统首先对多源毁伤图像进行毁伤目标的特征提取,然后将特征数据规格化后输入 BP 神经网络分类器,再由神经网络分类器得到分类判决的结果,系统结构如图 8.3 所示。

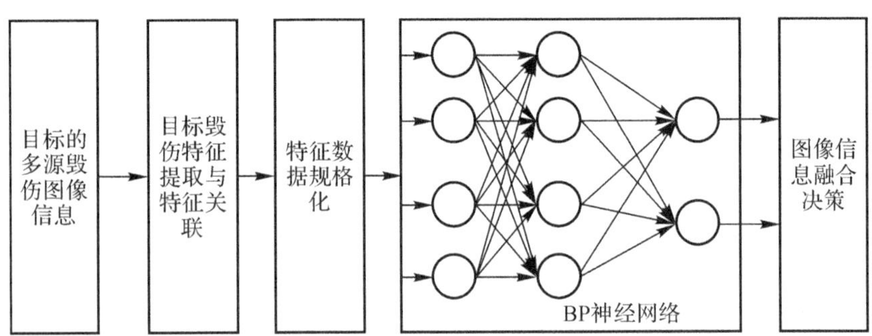

图 8.3 基于 BP 神经网络特征层毁伤信息融合系统结构

基于目标毁伤特征提取与特征关联方法,使用 BP 神经网络进行图像融合,其输入的多源毁伤图像特征存在大量的冗余信息。为避免网络结构过于复杂,就必须对输入图像进行特征数据规格化。

首先,要进行图像压缩,通常采用插值算法,以减小冗余信息量。常见的差值算法有双线性插值法、双三次插值法、B 样条插值法和临近插值法等。

其次,要选取具有代表性的训练样本,并且,在训练样本集合中,不同类型的样本应该交替出现,否则,网络对同一类型的样本学习,某些权系数的值很可能猛增,网络极易陷入局部极小值。因此,在本节的实验中,先要将三幅灰度图像进行二值分割,利用轮廓跟踪算法得到图像所有区域的轮廓链,计算这些轮廓链所围成区域的各阶矩特征。采用隔行选择的原则,选出的训练样本数据为桥梁毁伤段、完好段以及水域部分每一轮廓链各自提取出的矩特征,即七维特征向量，并根据每一个七维矩特征向量给出每个网络节点的期望输出。

最后，要进行输入/输出矢量归一化处理。如果输入特征值过大，会屏蔽掉其他输入的特征值，也会增加网络输入的时间，并且，由于各个特征值的大小有很大差异，直接输入，就意味着不同特征对应了不同的初始权重，因此，在数据输入之前，必须进行输入矢量归一化。把输入样本集看作一个矩阵，每一行对应不同的样本，每一列对应构成样本的各元素，统计输入样本矩阵各列的最大值和最小值，即

$$F_{(i,j)} = \frac{P_{\max(j)} - P_{\min(i,j)}}{P_{\max(j)} - P_{\min(j)}} \tag{8.8}$$

式中：$F_{(i,j)}$ 为训练样本矩阵元素；$P_{(i,j)}$ 为输入样本矩阵元素；i 为矩阵行号；j 表示矩阵列号；$P_{\max(j)}$、$P_{\min(j)}$ 分别为样本集的第 j 列最大值和最小值。

显然，输入矢量标准化是对输入矢量实行线性映射，将输入矢量中的元素范围转换到[0,1]之间，以便于后续神经网络权值与阈值的调节和运算。

BP 神经网络分类器分训练、测试和融合决策三部分。训练阶段主要对网络权值进行调整，以表现问题域；测试阶段主要验证获得的权值和阈值是否合理；融合决策阶段，将实际样本数据输入训练后的网络，并输出目标融合决策结果。此系统是在特征层信息融合的框架下进行的，所以 BP 神经网络的输入值应是关于多源目标毁伤图像信息的特征向量。

8.3.2　BP 神经网络的训练

确定好网络的结构和参数后，网络的训练就可以开始。训练网络的目的是提供一个稳定的、可使用的阈值和权值文件。网络训练包括以下两步：

第一步权值初始化：将阈值和权值初始化为[−1,1]之间的较小的随机数，就可以保证在开始时每个神经元都会在传输函数变化的最大区域，不会落到平坦区域。

第二步网络训练：确定好 BP 神经网络的结构，利用输入/输出样本集对网络的阈值和权值进行调整和学习，使网络实现给定的输入/输出映射关系，包括正向和反向两个传播过程。如果正向输出得不到期望的输出，转入反向过程，沿原来路径返回误差信号，通过修改各层权值，达到误差最小。训练结束后，保存权值等中间训练结果，供测试和验证使用。

8.3.3　基于 BP 神经网络的图像信息融合决策

在 BP 神经网络收敛后，保存权值，网络训练完成。用训练好的网络进行图像信息融合决策之前要进行一次 BP 神经网络测试，如果 BP 神经网络在一定的限差范围内输出结果，那么说明此神经 BP 神经网络符合决策要求，掌握了对样本数据的决策判断能力，可以进行下一步的目标决策，否则要重新训练网络。

在 BP 神经网络训练结束以后，让 BP 神经网络信息融合系统去融合待融合的样本数据。根据 BP 神经网络的输出，给出 BP 神经网络的融合结果。其流程如下：

1)准备好待融合图像和其特征样本数据。

2)确定融合网络的结构和参数。

3)打开训练网络收敛时所保存的权值文件，将特征文件中的数据作为融合网络各节点的连接权值。

4) 将当前样本 P 的特征文件数据作为网络输入并运行网络，从而获得网络的输出 $O_i^{(k)}$。

5) 根据网络实际输出 $d_i^{(k)}$，求其与所有标准样本的期望输出的均方差

$$E_k = \frac{1}{n}\sum_{i=1}^{n}\left[d_i^{(k)} - O_i^{(k)}\right]^2 \tag{8.9}$$

式中：k 表示第 k 个样本；i 表示第 i 个网络输出。

6)如果样本库中所有样本都被识别，过程结束，给出网络的融合结果；否则，指向下一个记录，重复步骤 4)和 5)。

8.4 仿真实验

8.4.1 实验目的

不同传感器对同一河流上的导弹毁伤桥梁所拍摄的光学遥感图像如图 8.4～图 8.6 所示。先前两幅图像的各个不同轮廓链的矩特征用于网络的训练，第三幅图像的各个不同轮廓链的矩特征用于网络测试；再用 BP 神经网络对这三幅图片的特征数据进行特征层信息融合，融合结果要求为作战决策分析人员提供关于此桥梁毁伤的准确信息，以便于进行毁伤效果评估。

图 8.4 传感器一拍摄的图像

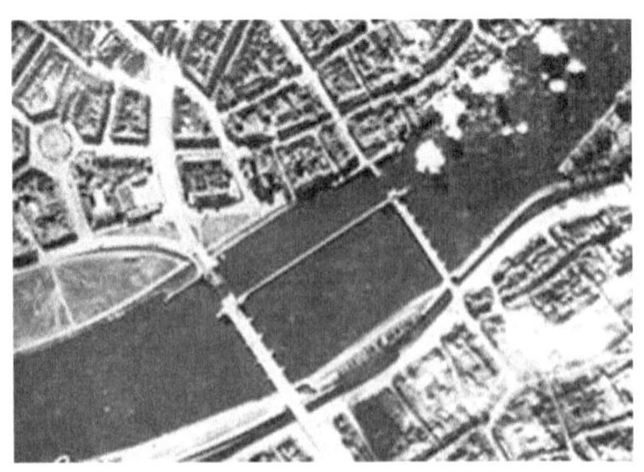

图 8.5 传感器二拍摄的图像

图 8.6　传感器三拍摄的图像

8.4.2　实验步骤

基于实验目的，依据 BP 神经网络多源毁伤图像信息特征层融合系统，实验分为多源桥梁目标毁伤信息的特征提取、特征关联和 BP 神经网络融合结构与参数的确定三个步骤。

(1)多源桥梁目标毁伤信息的特征提取

图 8.4～图 8.6 中，河流上的毁伤桥梁信息表现为几何特征，其几何特征包括决定毁伤区域的相对位置特征、形状特征以及矩特征。具体的特征提取流程如下：

1) 确定用 Canny 算子对毁伤图像进行边缘特征提取，得到边缘图像，但 Canny 算子在有效提取毁伤图像边缘的同时，也会提取出大量复杂背景边缘。因此，边缘特征提取之后，需要对这些边缘进行一定的滤除操作。Canny 算子的基本原理和具体步骤参见相关文献。

2)对边缘图像进行轮廓跟踪，滤除其中的复杂背景，得到外轮廓图像。

3)对外轮廓图像进行预处理：首先平滑轮廓线得到连续的轮廓线，采用自适应二值化的方法二值化该轮廓线；其次细化轮廓线；最后得到清晰的连续平滑、单像素、二值化的外轮廓图像。

4)对二值化外轮廓图像进行种子填充，得到图像细化的外轮廓线所包围的重点目标区域。

5)采用轮廓链跟踪算法，计算重点目标区域的不变矩，构成这幅图像的形状特征向量。

6)对形状特征向量进行特征分类和矢量归一化处理，将特征值存入图像特征库作为 BP 神经网络所需数据。

根据上面的实验流程，对图 8.4～图 8.6 中的桥梁毁伤区域进行特征提取，结果如图 8.7～图 8.9 所示。

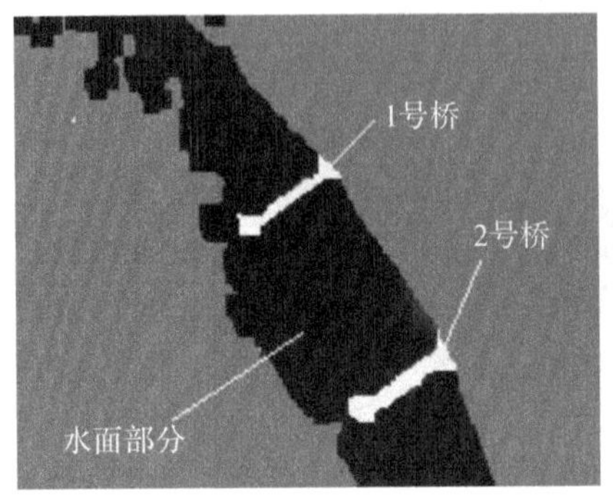

图 8.7　传感器一拍摄图像特征提取结果

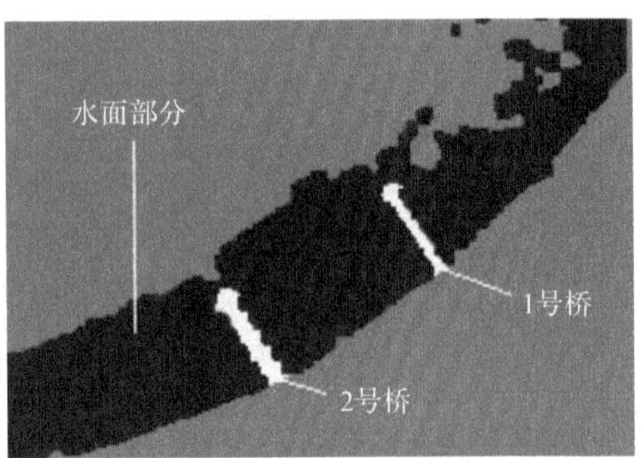

图 8.8　传感器二拍摄图像特征提取结果

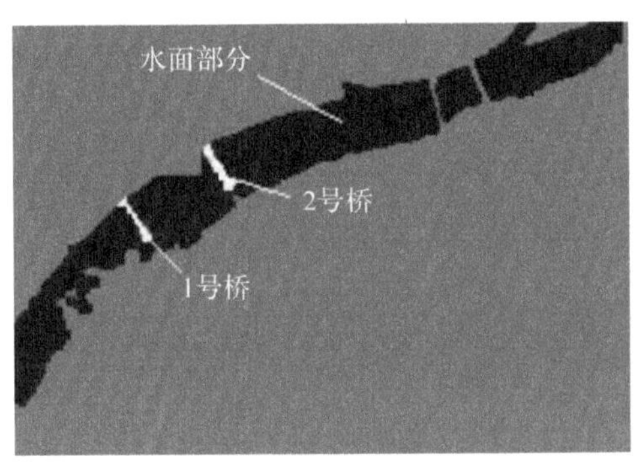

图 8.9　传感器三拍摄图像特征提取结果

(2)多源桥梁目标毁伤信息的特征关联

依据图 8.7～图 8.9 给出的桥梁毁伤区域特征提取结果，并对此结果运用第 4 章讲解的多分辨率阈值选取方法，按最小距离法求得最优阈值，并以最优阈值对图像进行细致的区域分割。采用桥梁毁伤段、完好段以及水域部分每一轮廓链各自提取出的矩特征，求出三幅图中每一轮廓链中毁伤段、完好段以及水域部分矩特征之间的欧氏距离，选取每一轮廓链中欧氏距离最小的矩特征作为多源桥梁目标毁伤信息的特征关联数据，由此可以判断出三幅图像中桥梁毁伤段、完好段以及水域部分分别存在的对应关系。

(3)BP 神经网络结构与参数的确定

BP 神经网络是一个具有很强的非线性映射能力和柔性的网络结构。在 BP 神经网络任意大的前提条件下，多层 BP 神经网络能够以任意精度逼近任意连续的非线性映射关系，因此，对于给定的问题，应该有合适的数值使得网络结构和各个网络参数相对应。

网络结构的确定：输入层与输出层，数据源的维数决定输入层节点数目，与毁伤桥梁图像的特征数相同。本节提取的是分别三幅图形的目标区域轮廓链中的桥梁毁伤段、完好段及水域段的七维矩特征，因此，输入层的节点个数为特征维数，即节点个数为 7，输出层的节点数为 3。原因是将三幅图片进行融合，最终给出毁伤桥梁三段处的详细信息。本节采用标准的 BP 三层网络，隐含层为一层，隐含层神经元个数选择经验公式为

$$A=\frac{bt+\frac{1}{2}b(w^2+w)-1}{b+w} \tag{8.10}$$

式中：A 为隐含层节点数；b 为分类数；t 为特征向量数；w 为特征向量维数。

本节的分类数是 3，根据此经验公式获得的隐含层的实验初值为 9。必须经过反复实验得到最合适的值：在实验中，当隐含层节点数为 3～25 之间时，学习步长为 0.7，训练 10 000 次网络收敛时均方根偏差和所耗时间分别如图 8.10 和表 8.1 所示。

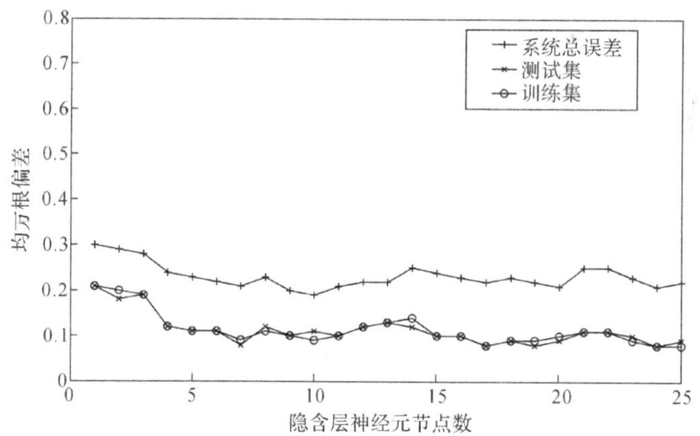

图 8.10　隐含层对均方根误差的影响

表 8.1　不同隐含层神经元对网络的影响

隐含层个数	3	6	15	18	20	25
所耗时间/min	13	36	48	66	90	138
网络的复杂性	过于简单	简单	一般	一般	复杂	过于复杂

结合以图 8.10 和表 8.1 知识，不难发现：当隐含层神经元个数较少时，网络结构较为简单，训练时间很短；当隐含层神经元个数在 3～14 之间时，误差曲线出现振荡现象，说明网络收敛性不稳定；随着隐含层神经元个数的增大，网络趋于稳定状态，但结构会越来越复杂。因此，当神经元个数为 15～20 时，网络的复杂性、稳定性可以取得较好的平衡，在本实验中，隐含层神经元个数取为 17。

网络参数的确定：本实验中期望训练误差为 0.001。在本实验中，步长的大小对网络收敛速度也会有很大的影响，通过大量实验，可以得到如图 8.11 所示的曲线。

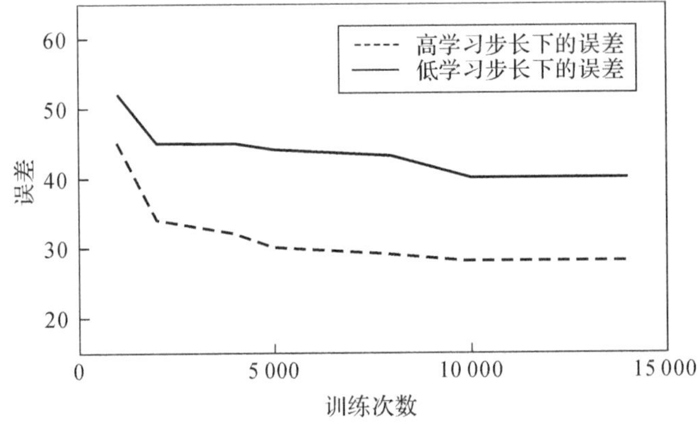

图 8.11　学习步长对收敛速度的影响

由图 8.11 可知，较大的学习步长会使得网络的收敛速度较快。具体学习步长需要根据实验确定。为了训练简单，随机选取学习样本中的 200 个数据进行实验，并且每次训练次数和隐含层神经元个数分别为 2 000 次和 8 个。实验中不同的学习步长对“网络输出值和希望值差的二次方”和“系统总误差”的影响如图 8.12 所示。

由图 8.12 可以看出，在 BP 神经网络训练过程中：当学习步长设为 0～0.3 之间时，网络都不收敛；当学习步长为 0.5 时两曲线有一局部极小值，但继续增大时，误差达到最大，之后又急速下降；当学习步长为 0.7 时达到全局最小值时，学习步长过了 0.7 又有上升的趋势。因此，最优学习步长为 0.7。

在训练网络时，由于要调整很多参数，所以必须避免“过训练”。“过训练”是指尽管在迭代中训练集均方根误差可继续降低，但测试集的均方根误差开始上升，所以为了避免“过训练”，训练过程可以采用以测试集来监控训练集。均方根误差与测试集训练次数关系如图 8.13 所示。

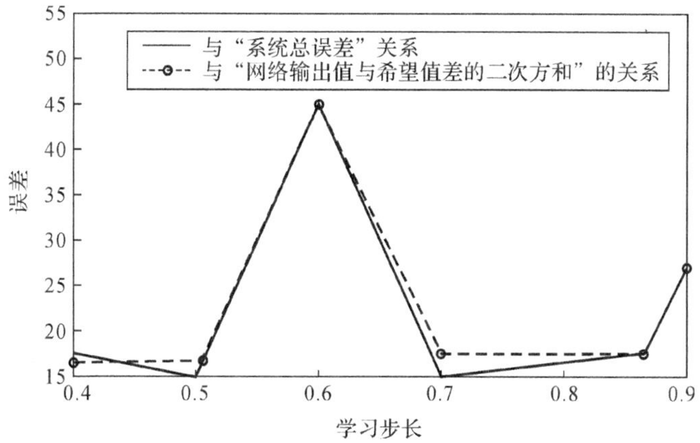

图 8.12　学习步长对系统误差的影响

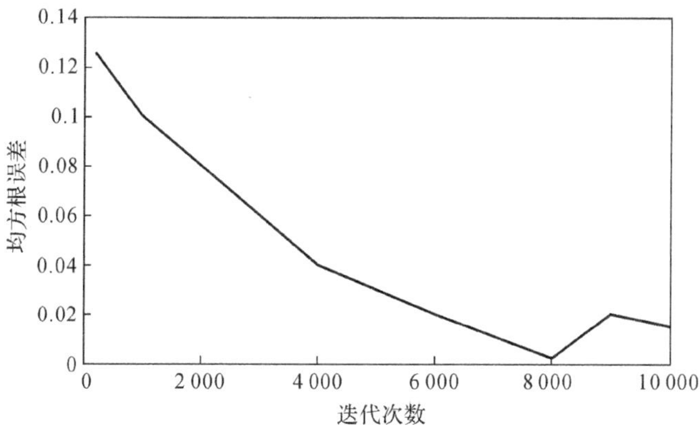

图 8.13　迭代次数与误差的关系

由图 8.13 所知，当迭代次数为 8000 时，测试集均方根误差达到极小值，本实验就可以选取与之相对应的权重作为实验中的权重。

本实验所选择的传输函数为 S 型函数(双曲正切函数)，其定义如下：

$$\tanh = \frac{1 - \exp(-x)}{1 + \exp(-x)} \tag{8.11}$$

8.4.3　实验结果

对多源桥梁毁伤信息进行 BP 神经网络融合，得到融合结果；使用简单加权融合法对多源桥梁毁伤信息进行融合实验，得出融合结果；利用融合评价准则对两种方法进行评价。

（1）BP 神经网络融合实验

以图 8.7 和图 8.8 为训练样本，根据特征关联结果，求出 610 个七维矩特征数据样本；以图 8.9 为测试样本，求出 328 个七维矩特征数据样本。对建立的 BP 神经网络进行训练及测试，训练网络的输入/输出的部分矩特征向量样本数据见表 8.2。

表 8.2　1 号桥部分矩特征向量输入/输出样本集

<table>
<tr><td rowspan="12">输入向量</td><td rowspan="4">毁伤段</td><td>(a)</td><td>(0.692 9, 4.726 5, 6.582 4, 6.079 3, 12.431 5, 8.462 5, 12.236 8)</td></tr>
<tr><td>(b)</td><td>(0.756 2, 4.863 5, 6.432 7, 6.048 2, 12.092 2, 8.623 4, 12.423 6)</td></tr>
<tr><td>(c)</td><td>(0.663 1, 4.259 1, 6.209 7, 6.102 3, 12.1823, 8.091 7, 12.138 1)</td></tr>
<tr><td>…</td><td>…</td></tr>
<tr><td rowspan="4">水域段</td><td>(a)</td><td>(0.755 2, 6.905 8, 8.483 4, 7.408 9, 15.064 3, 11.606 3, 14.586 9)</td></tr>
<tr><td>(b)</td><td>(0.736 4, 6.827 9, 8.485 3, 7.096 1, 15.257 1, 11.523 8, 14.326 9)</td></tr>
<tr><td>(c)</td><td>(0.742 1, 6.589 3, 8.651 9, 7.210 5, 15.134 2, 11.618 9, 14.439 0)</td></tr>
<tr><td>…</td><td>…</td></tr>
<tr><td rowspan="4">完好段</td><td>(a)</td><td>(0.694 2, 5.233 5, 7.682 1, 6.126 3, 13.043 2, 10.293 8, 13.621 3)</td></tr>
<tr><td>(b)</td><td>(0.689 4, 5.357 1, 7.316 4, 6.248 1, 13.102 3, 10.062 1, 13.458 7)</td></tr>
<tr><td>(c)</td><td>(0.672 1, 5.256 1, 7.437 1, 6.32 60, 13.210 8, 10.113 0, 13.340 1)</td></tr>
<tr><td>…</td><td>…</td></tr>
<tr><td rowspan="12">输出向量</td><td rowspan="4">毁伤段</td><td>(a)</td><td>(0.697 7, 4.743 2, 6.382 9, 6.012 3, 12.322 1, 8.315 5, 12.431 8)</td></tr>
<tr><td>(b)</td><td>(0.689 8, 6.732 5, 8.458 6, 7.132 6, 15.908 7, 11.537 8, 14.348 2)</td></tr>
<tr><td>(c)</td><td>(0.701 2, 6.650 1, 8.329 7, 7.210 3, 15.890 6, 11.489 2, 14.298 0)</td></tr>
<tr><td>…</td><td>…</td></tr>
<tr><td rowspan="4">水域段</td><td>(a)</td><td>(0.743 3, 6.887 2, 8.420 3, 7.051 6, 15.321 2, 11.708 2, 14.638 9)</td></tr>
<tr><td>(b)</td><td>(0.765 8, 6.785 3, 8.640 1, 7.125 8, 15.124 2, 11.689 0, 14.537 2)</td></tr>
<tr><td>(c)</td><td>(0.801 1, 6.810 2, 8.490 7, 7.029 1, 15.013 9, 11.569 1, 14.480 6)</td></tr>
<tr><td>…</td><td>…</td></tr>
<tr><td rowspan="4">完好段</td><td>(a)</td><td>(0.586 7, 5.674 9, 7.874 3, 6.358 6, 13.329 0, 10.587 9, 13.257 3)</td></tr>
<tr><td>(b)</td><td>(0.623 4, 5.840 1, 7.210 9, 6.470 3, 13.096 1, 10.601 5, 13.197 6)</td></tr>
<tr><td>(c)</td><td>(0.630 1, 5.792 1, 7.301 9, 6.398 1, 13.103 6, 10.562 3, 13.210 1)</td></tr>
<tr><td>…</td><td>…</td></tr>
</table>

对这些输入/输出样本集进行输入/输出矢量归一化处理到[0,1]之间，便于BP 神经网络的训练。

对图 8.7～图 8.9 经过 BP 神经网络融合之后，可以得到新的关于桥梁毁伤段、完好段和水域的七维矩特征向量，把得到的关于图片三区域的七维矩特征向量对应到原始图片上。其步骤如下：

1)将三个区域段的矩特征根据特征关联结果进行分类；

2)把分类好的矩特征文件映射到图片上；

3)根据融合结果，可以将原始图片上的除了桥梁毁伤信息以外的所有区域都赋值为 0，仅保留关于桥梁及水域的信息；

4)与原始图片进行融合处理，就可以得到清晰的仅仅出现桥梁毁伤的图片。

用 Matlab 实现的最终融合结果如图 8.14 所示。

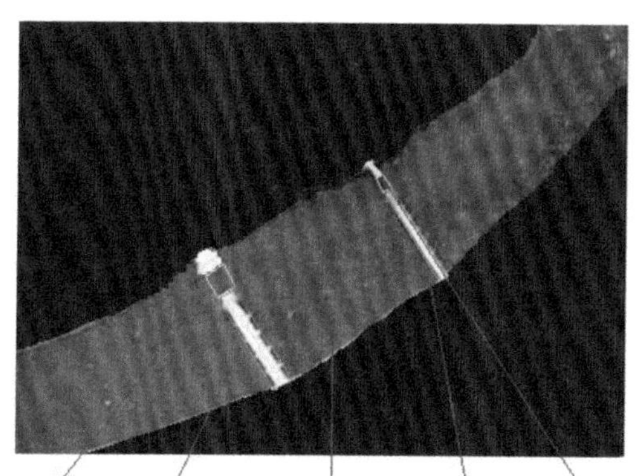

图 8.14　BP 神经网络融合结果

(2)简单加权平均法融合

简单加权平均法融合就是将图 8.7～图 8.9 中各轮廓链中桥梁毁伤段、完好段及水域部分的矩特征分别进行加权融合处理，其权值选择利用局部区域对比度的权值选择法，其融合结果如图 8.15 所示。

(3)融合评价

融合的效果用图像融合过程中每幅图像的性能参数表示，图像融合最基本的要求就是信息量的增加，而图像的平均信息量可用信息熵来表示，计算公式为

$$I=-\sum_{i=0}^{N}P(i)\log_2 P(i) \tag{8.12}$$

式中：$P(i)$ 为某一像元值 i 在图像中出现的概率；N 为像元值，取值范围为0～255。

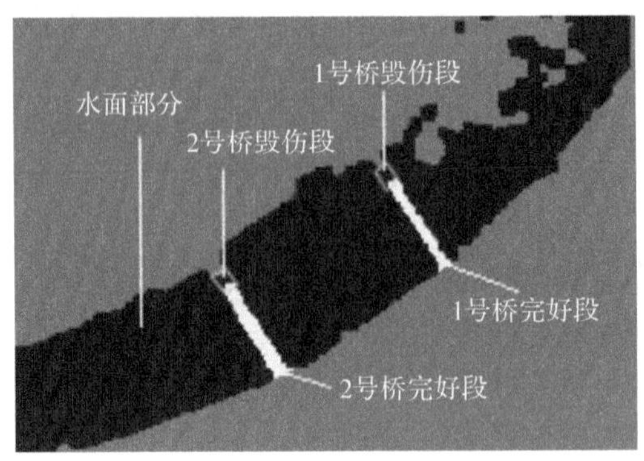

图 8.15　简单加权平均法融合结果

清晰度反映图像的清晰程度及图像中微小细节反差与纹理变化特征，一般用平均梯度来表示，其计算公式为

$$\nabla\bar{G}=\frac{1}{MN}\sum_{i=1}^{M}\sum_{j=1}^{N}\left[\Delta xf\ (i,j)^2+\Delta yf\ (i,j)^2\right]^{\frac{1}{2}} \tag{8.13}$$

式中：$\Delta xf(i,j)$ 和 $\Delta yf(i,j)$ 分别为像元 (i,j) 在 x、y 方向上的一阶差分值。

偏差度则反映融合后图像与原始图像在光谱信息上的匹配程度，其计算公式为

$$D=\frac{1}{MN}\sum_{i=1}^{M}\sum_{j=1}^{N}\frac{|C(i,j)-B(i,j)|}{B(i,j)} \tag{8.14}$$

式中：$C(i,j)$、$B(i,j)$ 分别为融合后图像与原始图像在像元 (i,j) 的值。如果偏差度较小，就说明融合后的图像较好地保留了图像的光谱信息。

对 BP 神经网络算法融合效果及简单加权平均法融合效果给予评价，得到信息熵、清晰度和偏差度指标，见表 8.3。

表 8.3　融合效果评价指标

评价指标	信息熵	清晰度	偏差度
BP 神经网络算法融合	7.251	77.628	80.012
简单加权平均融合法	6.028	69.341	86.632

从融合的效果可以看出，无论是从目视判读还是统计指标比较，BP 神经网络算法优于简单加权平均融合法。

(4)融合结果在导弹打击效果评估中的应用

根据 BP 神经网络融合结果，对导弹打击后的桥梁毁伤情况进行评估，需要桥梁的相关数据，如桥梁宽度、最大车道数、桥梁长度等信息。本节所研究的桥

梁初始数据见表 8.4。

表 8.4　桥梁初始数据

桥梁编号	桥梁宽度/m	最大车道数	桥梁长度/m	桥梁最大承载力/t
1	20	6	800	50
2	20	6	850	60

使用融合后的图像信息计算出毁伤桥梁的毁伤形心相对位置、毁伤宽等参数，通过评估得到毁伤桥梁的最大行车道、最大承载力以及修复时间等。采用融合后的图 8.14 中的信息评估出毁伤桥梁的数据，见表 8.5。

表 8.5　桥梁毁伤数据

桥梁编号	最大行车道	最大承载力/t	修复时间/h	形心相对位置 f_1	毁伤宽比桥宽 f_2	矩形度 f_3
1	3	20	5	0.38	0.35	0.72
2	2	20	10	0.42	0.41	0.85

依据表 8.5 中的桥梁毁伤数据，作战指挥决策分析人员就可以对桥梁毁伤情况做出判断，对导弹打击毁伤效果进行准确评估。

8.5　本 章 小 结

本章主要研究基于 BP 神经网络的多源目标毁伤图像信息的特征层融合方法，主要内容如下：

1)首先，介绍了 BP 神经网络的基本原理及其算法思想；然后，建立了多源目标毁伤信息的 BP 神经网络特征层融合系统，对多源目标毁伤信息进行特征提取与特征关联，得到样本数据，为避免网络结构过于复杂，进行数据规格化，利用 BP 神经网络进行融合。

2)采用对桥梁毁伤信息的特征层融合实验研究，得到桥梁毁伤图像的融合结果，并与简单加权平均融合方法进行比较。基于 BP 神经网络的特征层毁伤图像信息融合系统，能够提供清晰、准确的桥梁毁伤图像信息。根据此融合结果，作战决策分析人员就可以对桥梁毁伤情况做出精确的判断，对导弹毁伤效果给予准确的评估。

第三篇　导弹毁伤效果评估方法的应用

第9章 基于遥感信息的桥梁目标毁伤效果评估

9.1 引 言

在第一篇中，基于遥感毁伤信息的特点把固定目标分为两类：白类目标和灰类目标。本章主要以桥梁为例对基于遥感信息的白类目标毁伤评估的过程和方法进行研究。以桥梁目标为代表的白类目标在结构上暴露，功能上单一，而且导弹对这样目标的打击通过遥感信息能够得到直接感性的认识，但是在毁伤效果评估系统中却还没有评估方法对这类目标的功能毁伤情况进行有效的评估。下面依据毁伤效果评估系统的总体结构及信息流程，借鉴损伤评估中的 FMEA 等理论，基于导弹攻击特点和遥感毁伤信息的特征研究桥梁目标毁伤评估方法。

9.2 桥梁目标特性分析

9.2.1 桥梁目标结构分析

按结构体系及其受力特点，桥梁可划分为梁桥、拱桥、索桥三种基本体系，以及由基本体系与其他基本体系或基本构件(塔、柱、斜索等)形成的组合体系。桥梁目标主要由以下几个部分组成。

1)梁部结构，是横跨相临两桥墩或桥台与桥墩的建筑物。它直接承担桥面上交通工具的载荷，因此，梁部结构必须具有足够的刚度、韧度及承载能力。桥面宽度取决于桥上交通和运输需要。

2)桥台，是支撑梁部结构和路基填方相连接的建筑物。桥台一般为钢筋混凝土结构。桥台可细分为台帽、台身和基础三部分。常用的有重力式桥台和轻型桥台。重力式桥台依据桥台的形状分为 T 形桥台、U 形桥台、埋式桥台、耳墙式桥台及挖台。轻型桥台多用于公路桥梁中。

3)桥墩，是多跨桥梁的中间支承结构，它除承受上部结构的竖向压力和水平力外，还受风力及可能发生的流水压力、船只和桥下漂流物的撞击力、地震力的作用。因此，桥墩有较好的强度、刚度和稳定性，以确保整个桥跨的正常工作。

4)支座,支座是桥跨结构的支承部分。其作用是将桥跨结构的支承反力传递给墩台。因此,要求桥梁支座必须具有足够的承载能力。

桥梁的结构复杂多样,要全面分析所有类型桥梁的毁伤模式需要长期而复杂的工作。根据桥梁的特点,这里以简支体系梁式桥(结构简图如图 9.1 所示)为基础,研究导弹攻击桥梁后桥梁的主要毁伤模式,评估毁伤效果。

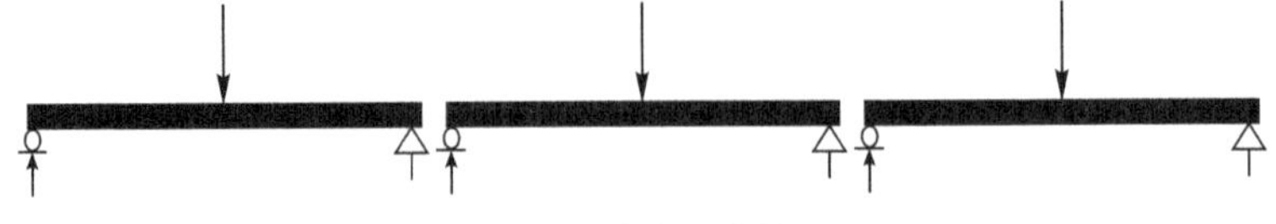

图 9.1 简支梁结构图

分析桥跨结构的毁伤效果,不可能针对各种不同桥梁的桥跨的具体结构形式,须将桥跨结构进行一定程度的简化,找出具有桥结构通用特点的一种简化模型。为此,对分析的桥结构作如下假设,结构简图如图 9.2 所示。

1)桥跨结构为两端简支的纯简支梁体系,忽略相邻桥跨之间的微小影响;

2)爆炸作用力直接作用于桥的主梁,忽略面板、栏杆、横梁等附属结构产生的影响;

3)主梁为等截面梁,箱形梁均为单箱、单室;

4)各主梁之间的力学、物理性能完全一致。

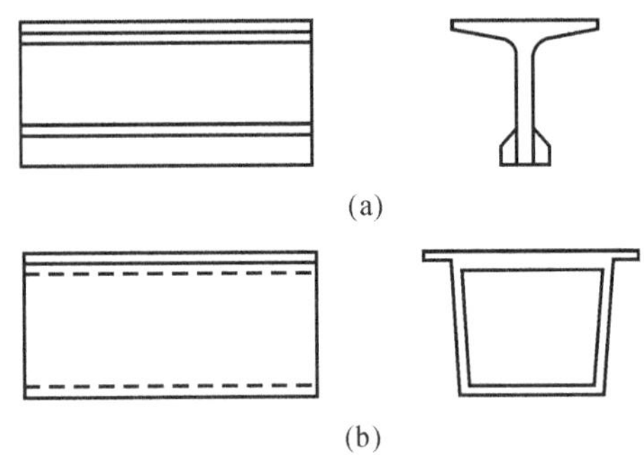

图 9.2 简化后的桥跨结构图

(a)T 形梁侧视图和简化截面; (b)箱形梁侧视图和简化截面

9.2.2 桥梁目标结构损伤分析

桥梁目标有个最大的特点:建设时间达数月之长,桥梁的损伤修复时间根据损伤部位不同有很大的区别。毁伤表现自身特点也比较明显,从感性上认识桥梁的毁伤可以划分为两个完全不同的毁伤状态:主梁完全断裂和主梁部分受损。

这两个毁伤状态对应的功能状况是：桥的两端车辆完全不能通过和车辆部分能通过。车辆通过功能的下降表现在以下两个方面：车辆流量和桥梁承载力的下降或者丧失。

简支体系梁式桥由梁部结构、桥台、桥墩和支座组成，其中最容易受到打击的是梁部结构。桥台、桥墩和支座被导弹打击后会直接影响到梁部结构，并且把损伤效果传递给梁部结构，造成梁部结构的破坏。

如果击中桥梁的桥墩，特别是桥墩与梁的结合部等要害部位，会造成桥墩断裂、横梁的错位，这都会使桥梁安全和承载力受到影响（见图 9.3）。对于钢筋混凝土或预应力混凝土桥梁：如果击中横梁纵向结合部，会使支座断毁，从而造成落梁（见图 9.4）；如果击中两桥墩间的横梁（路面），有可能在爆炸点形成穿透性弹坑，也可能会造成梁的断裂，轻者会影响桥梁的通行能力，重者会使交通中断（见图 9.5）。

图 9.3　桥墩倾斜及梁部结构位移(1)

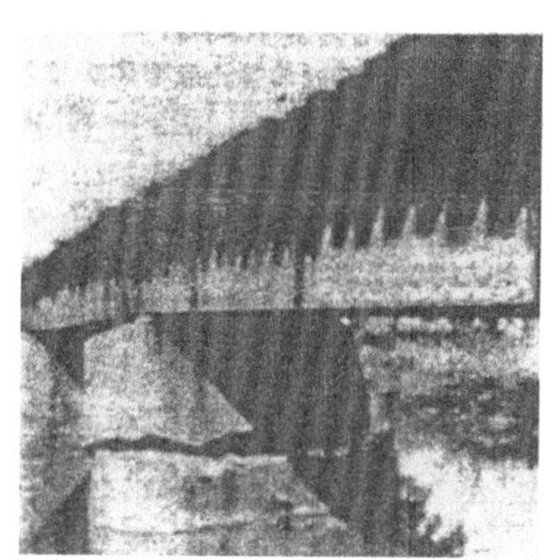

图 9.4　桥墩断裂及梁部结构位移(2)

图 9.5　落梁导致交通中断

如果导弹击中桥墩底部或桥墩的基础，爆炸与冲击使桥墩地基失效，造成桥墩沉陷与倾斜，使桥跨变大，从而造成上部结构落梁与倾覆。对那些“头重脚轻”的城市高架桥、立交桥和大桥的引桥，尤其如此。

就毁伤程度而言，落梁是最严重的，它不但导致桥梁结构本身的破坏，而且导致交通中断。

对桥梁目标毁伤效果因特征明显，故毁伤评价相对容易，在确定目标毁伤程度时不仅仅要看第一时间对目标的物理受毁程度，还要考虑对方的抢修能力。除了轻微毁伤外，桥梁一旦遭破坏，修复都较困难，而且修复时间较长，短则几天，长则几十天。

现代战争瞬息万变，桥梁如果达到轻微以上的毁伤等级，修复时间之长是任何部队都不能够承受的，只有桥梁的毁伤等级处在轻微损伤等级时，才有可能对桥梁进行抢修，保证运输任务的完成。另外，遥感图像并不能呈现桥梁所有的毁伤，基于现有图像技术现状和实战需求实际，重点评估桥梁处于轻微损伤等级时桥梁的功能毁伤。

9.2.3 桥梁目标结构毁伤模式分析

梁是桥跨结构主要的承重部件，爆炸冲击荷载对桥跨结构造成的毁伤，主要是因为对主梁的毁伤引起的。为研究方便，划分两种桥梁梁部毁伤情况。

第一种毁伤状况：主梁因为爆炸冲击荷载而完全断裂，如图 9.5 所示。在这种毁伤状况下，主梁已经完全丧失了承载能力，研究表明大型桥梁的毁伤修复时间达到数月时间之长，对当代局部战争来说，显然不需要再深入细致研究其具体毁伤修复时间。在此以主梁完全断裂为一种特殊毁伤模式，直接给出评估结论。

第二种毁伤状况：主梁未完全断裂，只是部分受损，如图 9.6～图 9.8 所示。这种毁伤状况下桥梁处于轻度毁伤等级，桥梁还能够承受一定的承载力，但是要评估其车辆通过性的功能。这是本书研究的重点。下面重点分析桥梁主梁未完全断裂时主梁的毁伤模式。

桥跨结构的毁伤效应，则是主梁毁伤和桥面等附属结构毁伤综合后形成的。主梁的毁伤效果可能因为射弹类型、装药量大小的不同而千变万化。因此，根据对梁的承载力影响的大小，可以把毁伤效果归纳为几种典型方式，并对毁伤截面进行规则化整理，然后再根据最不利截面来确定其对主梁的承载力的影响。另外，主梁可能因为爆炸冲击荷载而完全断裂。这种情况下，被毁伤的主梁可考虑排除在承载结构之外，在计算主梁毁伤效果时可不再考虑完全断裂的主梁，只是在计算桥跨承载力影响的时候将其作为某一主梁缺失的情况来考虑。

(1)矩形梁毁伤模式

矩形梁的典型毁伤效果可归纳为两种：上、下部部分缺损和贯穿性毁伤。图

9.6 的是这两种毁伤效果的模拟显示图及最不利截面形式。

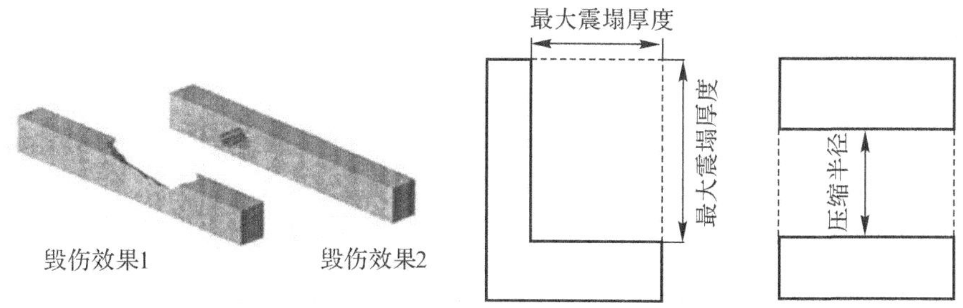

图 9.6　矩形梁毁伤效果图

(a)毁伤效果图；（b)简化后的最不利截面图

(2)T 形梁毁伤模式

T 形梁的典型毁伤效果可归纳为五种：①一侧翼缘破碎；②一侧翼缘及部分腹板破碎；③两侧翼缘及部分腹板破碎；④腹板下侧破碎；⑤腹板贯穿性毁伤。上述五种毁伤效果的模拟显示图及最不利截面如图 9.7 所示。

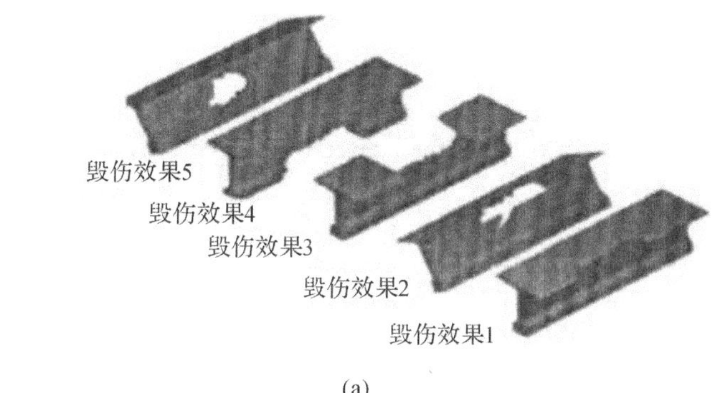

(a)

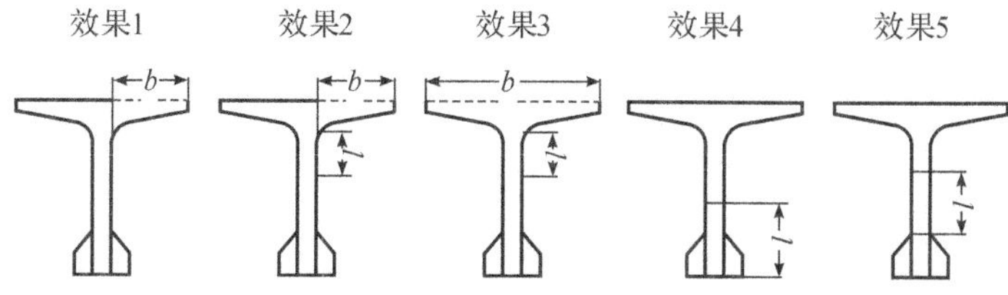

(b)

图 9.7　T 形梁毁伤效果图

(a)毁伤效果图；（b)简化后的最不利截面图

(3)箱形梁毁伤模式

箱形梁的典型毁伤效果可归纳为八种:①顶板贯穿性毁伤;②部分顶板和一侧腹板部分破碎;③顶板和一侧腹板贯穿性毁伤;④顶板和两侧腹板部分破碎;⑤顶板和底板贯穿性毁伤;⑥底板和一侧腹板贯穿性毁伤;⑦顶板、底板和一侧腹板部分破碎;⑧部分腹板和部分底板破碎。上述八种毁伤效果的模拟及最不利截面图,如图 9.8 所示。

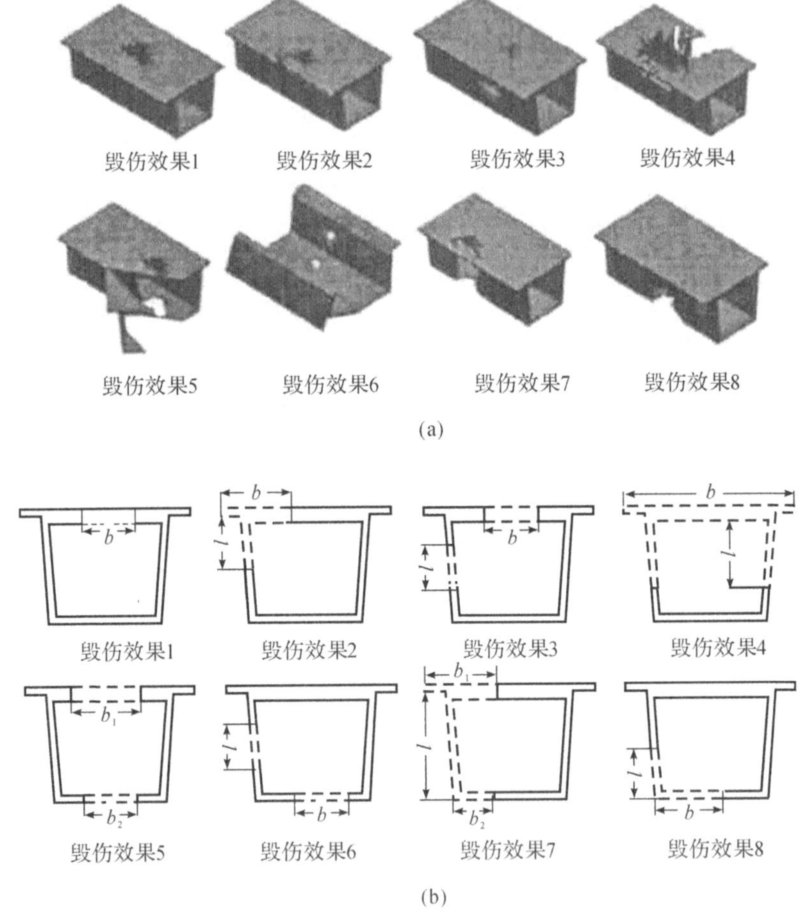

b—顶板最大受损宽度(无底板受伤)　l—腹板最大受损宽度

b_1—顶板最大受损宽度(有底板受伤)　b_2—腹板最大受损宽度

图 9.8　箱形梁毁伤效果图

(a)毁伤效果图;　(b)简化后的最不利截面图

9.3　桥梁目标在遥感信息中的表现特征及毁伤指标分析

9.3.1　桥梁目标在遥感图像中的表现特征

世界上的桥梁众多，结构也大不相同，桥梁的建造与发展速度很快。鉴于桥梁是静止的，所以它们的背景一般不会发生太大的变化。桥梁的关键部位比较明显：桥梁的两头各连接一个道路网，桥身都是悬空的，除了桥身和拉索的支撑之外，桥身的上、下、左、右与地面物体都没有接触。桥梁目标特征还包括很多其他要素，但它们都只属于某一类桥梁。例如：大型桥梁的两端有桥头堡，小桥则没有；水上桥梁的桥身两侧是水域，旱桥则不同。桥梁特征主要可分为两大类：

1）桥梁目标的自身结构，包括桥墩、桥头堡、桥面、桥拱、护栏等。这些特征的共同特点是有规则的几何结构，与周围区域有明显的分界线，自身区域纹理均匀。但是，这些特征并不是任何情况都适用，在低分辨率图像中这些信息都会消失。因此，它们在特征集中的地位应随着图像分辨率不同而变化。

2）桥梁目标的邻域拓扑结构，主要指桥身两侧和两端的区域，它们在整个桥梁目标识别中起着不可低估的作用。

桥梁图像特征指桥梁图像中可用作标志的属性。它可以分为桥梁图像的统计特征和桥梁图像的视觉特征两类。统计特征是指一些人为定义的特征，通过变换才能得到，如图像的直方图、矩、频谱等；视觉特征是指人的视觉可直接感知到的自然特征，如区域的亮度、纹理或边缘等。评估是指评估主体估测评估对象（客体）达到既定需求的过程，是根据既定的准则体系来测评客体各种属性的量值及其满足主体需求的效用，以综合评估原定需求满足程度的活动。

9.3.2　桥梁目标毁伤指标分析

选取指标的前提是指标值能够在情报中表现出来，所以目标毁伤指标的选取必须以图像分析为前提。根据遥感图像的特点，用相关系数法对图像进行分析，不仅检测到桥梁是否发生变化，而且还检测到其发生的位置与变化区域的大小，为桥梁的毁伤评判提供基础。尽管在图像中表示出来的毁伤效果既可以是平面式的，又可以是立体式的，但是并不能从图像中详细分析桥梁目标的结构毁伤，也就不能详细计算出桥梁的毁伤程度（如桥梁承重相对下降程度）。本章建立若干个桥梁被导弹打击后的典型的毁伤模式，并且以此为模板估算桥梁目标毁伤的程度。

目标功能损伤度指标要能反映目标功能的受毁伤程度、毁伤程度的概率、功能失效时间三个维度。因此在进行评判时，要综合各方面的信息，力求全面地反应目标的功能毁伤情况。根据桥梁目标的特点，可以选取桥梁遭导弹打击后最大可用车道数、最大承载力与失效时间对桥梁的毁伤程度进行度量。

最大可用车道数是指桥梁遭导弹打击后，桥梁的实际可用宽度与车道宽的比值。车道宽 L 表示单一一辆车能够通行的要求道路的最窄宽度。根据战争需要，桥梁被攻击后要求通过的车辆类型不同：譬如有时只要求大的装甲车不能通行就达到攻击目的，而有时要求所有车都不能过。各种不同类型的车的宽度不同，这就要求对每次不同的战车道宽 L 做具体的规定。

最大承载力是指桥梁遭受导弹打击后能够通过车辆的最大质量。由于桥梁受打击后自身结构破坏，其承载力会有一个下降。研究发现只要主梁没有断裂，桥梁或多或少都能承受一定的压力，承载力的大小与桥梁主梁的破坏形式相关。承载力的下降在图像中表现为桥梁主梁的毁伤面积与位置，在非战时有足够多的时间的情况下可以计算出来。

桥梁的失效时间是指桥梁恢复正常状态或者接近正常状态所花费的时间。修复到正常状态有两个意思：一是指桥的可用宽度修复到接近正常状态；二是指承载力修复到接近正常状态。战时快速修复的目标并不是把结构修复到与平时一样，而是在保证安全的情况下，把主要功能恢复到战时部队战斗可以接受的范围，所以修复时间会比平时的修复大大缩短。

9.4 基于遥感信息的桥梁目标毁伤效果评估技术

9.4.1 基于遥感信息的桥梁目标导弹毁伤效果评估软件系统流程

在桥梁毁伤效果评估研究中，如何有效、准确地选择评估模型，如何对评估模型进行修正和完善是高层专家知识库要解决的技术关键，即如何设计专家知识库以及如何实现专家知识库系统成为桥梁目标毁伤效果评估高层处理的关键所在。

相关文献建立的专家系统与导弹毁伤效果评估系统的分析、对比，虽然并未解决如何设计专家知识库与实现专家知识库对毁伤效果的评估，但是对分析毁伤效果的信息流程具有指导意义。

首先专家系统的总体框架是指导毁伤效果评估模型建立的基础，桥梁毁伤效果评估系统的总体框架如图 9.9 所示。从图中可以看到，整个软件系统在逻辑上分为三个模块：

1)低层传感器图像处理模块：提取桥梁轮廓，通过模板检测关键部位。

2)中层处理模块：负责对第一步产生的关键部位数据和标准模板数据进行对比分析，得出关键部位置信度，为专家系统评估准备数据。

3)高层专家系统模块：负责通过匹配知识库产生评估结果，并将结果反馈数据库，对知识库更新。

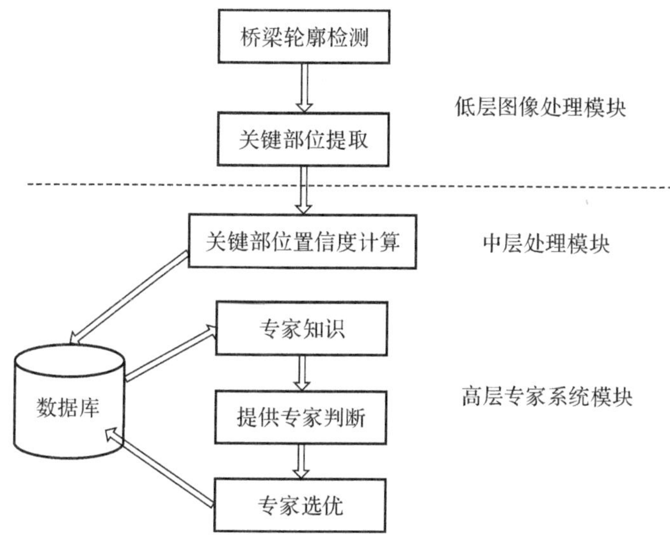

图 9.9　导弹对桥梁毁伤效果评估软件系统

高层专家系统模块的任务是通过匹配知识，产生评估结果，其中毁伤效果评估处于高层专家系统模块。下面主要研究毁伤效果评估中用到的技术和建立专家知识库的方法。

9.4.2　桥梁目标毁伤效果评估技术基础

(1)桥梁目标毁伤效果评估图像处理基本概念

1)模式。广义上说，存在于时间和空间中能被观察到，且可被相互区分是否相同或相似的一切客观事物，都可以称为模式。但是，模式所指的不是事物的本身，而是从事物中获得的信息，是对事物信息的一个描述，是指建立一个可用于仿效的完善的标本。在计算机中，模式通常是用数组来表示的。

2)特征。特征是从模式得到的对分类有用的度量、属性或基元。特征的最初获得通常需要先验知识，而特征的降维则需要模式识别理论的指导。

3)类别。类别是与概念或原型相关的“自然”状态或对象的种类。

4)相似度。相似度并不是指具体对象之间的相似特征,而是指一个对象和一个目标概念之间的相似程度。它应该满足如下四点要求:第一,相似度应为非负值;第二,样本本身之间的相似度应为最大;第三,相似度应满足对称性;第四,在模式类满足紧致性条件下,相似度应是点间距离的单调函数。

5)模式识别。模式识别按哲学的定义是一个"外部信息到达感觉器官并被转换成有意义的感觉经验"的过程,本质上是经过分析、判断、归类、识别出事物与那个供仿效的标本相同或相似。有时可将模式识别理解为模式分类,这是将仿效的标本分为若干类,再来判断给出的事物属于何类。给定的事物可以是图像、文字、声音和物体等。

6)模板。模板就是人工引导选择的图像,与要匹配的目标具有某种相关性。

7)模板匹配。模板匹配就是通过一定的算法在模板图像中寻找目标。

随着遥感影像分辨率逐步提高,遥感影像中目标的精确匹配技术成为研究热点,其中模板匹配是常用技术之一。对不同的模板匹配算法,按其利用图像信息的不同可划分为:①基于灰度的模板匹配算法;②基于特征的匹配算法;③基于形状的匹配算法。基于灰度的模板匹配算法是在图像灰度层次上直接计算模板图像与检测图像之间的像素度差值的绝对值总和或者二次方差总和,而基于特征的比较目标模板和候选图像区域之间的相似性匹配算法是比较从图像中提取的一定特征的相似性。基于特征的匹配算法依赖于图像的质量,容易受噪声影响而不稳定。基于特征的匹配算法在目标空间结构比较单一、背景稳定、噪声干扰比较小的条件下可以取得比较精确的定位效果,但是在自然界中上述条件很难得到满足。在此用到的方法是基于形状特征的匹配算法。

(2)桥梁目标毁伤效果评估图像特征向量

桥梁中毁伤区域的区别主要由两方面决定:决定毁伤区域的相对位置的位置特征和决定毁伤区域的形状特征。下面从不同的考察点、在不同的层面构造一些参数,用以反映区域及其灰度分布的宏观特征。确定区域特性参数的基本思想是区域形状在宏观上与简单的基本图形做比较,所构成的特征参数能反映区域形状与简单图形接近的程度,并进一步用与区域最接近的简单图形,如矩形、等腰三角形、圆、椭圆等几何特性参数表征区域形状。这些宏观性的参数,以及相对微观的区域边界的弯曲情况,再加上区域的拓扑特性可以反映出区域的复杂性。下面针对单连通区域构造出一些反映区域形状特征的参数,这些参数对于桥梁毁伤图像的平移、旋转或者尺度缩放是不变的。

1)决定毁伤区域的相对位置特征。决定毁伤区域的相对位置可以用两个特征表示出来:形心位置和毁伤区域的毁伤宽度。下面选择的两个特征都是基于毁伤区域与桥梁的相对值,在先验知识库中存有桥梁的宽度,形心位置和毁伤宽度都可以通过下面两个特征参数计算出。容易验证形心相对位置和毁伤区域宽度与桥宽比都具有图像的平移、旋转或者尺度缩放的不变性。

a)形心相对位置。形心的定义:在满足评估精度的前提下为简单起见,这里把图形的质心作为图形的形心,这样做更有利于图形相似度的比较。

图 9.10 给出了桥梁毁伤区域距离示意图。形心相对位置用形心距桥梁中心线的长度 x 与桥梁宽度 l 的一半相比的值表示:

$$m=\frac{x}{l/2}=\frac{2x}{l} \tag{9.1}$$

形心离桥的边缘越近,m 越大,而且 $m<1$;形心在桥的中心时 $m=0$。

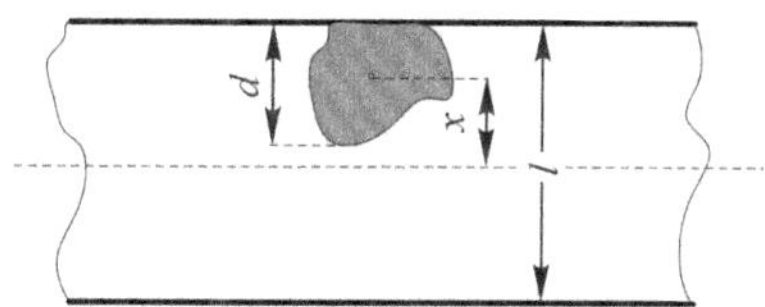

图 9.10　桥梁毁伤区域距离示意图

b)毁伤宽度与桥宽比。桥梁被导弹毁伤的弹坑最大宽度 d 和桥梁的总宽度 l 相比的值表示为

$$t=\frac{d}{l} \tag{9.2}$$

毁伤区域越宽,说明 t 越大。当桥梁被炸断或者梁上部横向全部被毁伤时,$t=1$;在其他情况下,$t<1$。

2)决定毁伤区域的形状特征。提取物体的形状特征前,首先要对图像进行边缘提取,以获得物体的轮廓边界,然后需要把轮廓边界区域的特征抽取出来。在这些特征里面,有一部分可以用数字量值来描述,但更多的特征是一些没有明显特征的几何图形。为了便于图像的匹配,需要对这些几何图形进行进一步的描述。

图像中物体的性质不能因为图像的平移、旋转、比例尺度的改变而发生变化。所以,在进行形状描述时,选择的描述符应具有平移不变性、旋转不变性、尺度不变性等特点。不但如此,选择的描述符还应该能够刻画形状的本质特点,使得该描述符具有良好的可分辨能力。

a)矩形度。用目标图像的面积和包围该图像的最小的矩形面积之比作为目标矩形度的一种度量参数,记为

$$R=\frac{A_0}{A_R} \tag{9.3}$$

式中：A_0 表示目标图像的面积；A_R 表示包围该图像的最小矩形的面积。R 的大小能反映目标物体和矩形的接近程度。面积表示示意图如图 9.11 所示。矩形度的值限定在 0 ～ 1 之间。

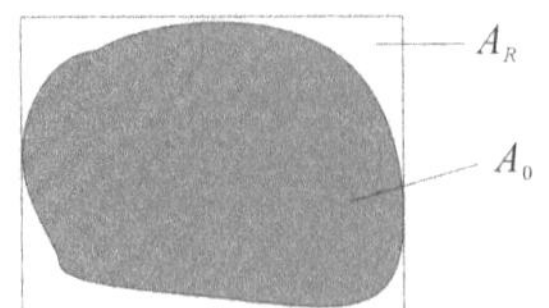

图 9.11　面积表示示意图

b）圆形度。形状的圆形度是指目标物体的周长二次方和其面积之比，记为

$$C=\frac{P^2}{A} \tag{9.4}$$

式中：P 表示物体的周长；A 表示物体的面积。它能够描述物体的形状和圆的近似度。C 值越大，表示目标物体的形状越复杂。

3）决定毁伤区域的矩特征。如果毁伤区域是一些简单的几何图形，那么用以上的形状描述参数物体比较合适；如果图形的边界特征复杂，用以上的参数来描述物体的形状就比较困难。对于复杂的毁伤区域的图形，可以通过矩和轮廓描述符来描述复杂物体。

矩特征是建立在对一个区域内部灰度值分布的统计分析基础上的，是一种统计平均的描述，可以从全局观点描述对象的整体特征。矩是一种线性特征，矩特征对于图像的旋转、比例尺度、平移具有不变性，因此可以用来描述图像中区域的形状特性。

二维矩不变量理论是在 1962 年由美籍华人学者胡贵明提出的，并将矩用于形状识别。对于连续图像二维函数 $f(x,y)$，其 $p+q$ 阶矩定义为如下黎曼积分形式：

$$m_{p,q}=\int_{-\infty}^{+\infty}\int_{-\infty}^{+\infty} x^p y^p f(x,y)\mathrm{d}x\mathrm{d}y \tag{9.5}$$

式中，$p,q=0,1,2,\cdots$。

根据唯一性定理（Papoulis，1965），若 $f(x,y)$ 是分段连续的，即只要在 xOy 平面区域有非零值，则所有的各阶矩均存在，且矩序列 $\{m_{p,q}\}$ 唯一地被 $f(x,y)$ 所确定。反之，$\{m_{p,q}\}$ 也唯一地确定了 $f(x,y)$。

将上述矩特征量进行位置归一化，得到图像 $f(x,y)$ 的中心矩，即

$$u_{p,q}=\int_{-\infty}^{+\infty}\int_{-\infty}^{+\infty}(x-x_c)^p\,(y-y_c)^q f(x,y)\mathrm{d}x\mathrm{d}y \tag{9.6}$$

式中：$x_c=\dfrac{m_{1,0}}{m_{0,0}}$；$y_c=\dfrac{m_{0,1}}{m_{0,0}}$。

$$m_{0,0}=\int_{-\infty}^{+\infty}\int_{-\infty}^{+\infty}f(x,y)\mathrm{d}x\mathrm{d}y$$

$$m_{1,0}=\int_{-\infty}^{+\infty}\int_{-\infty}^{+\infty}xf(x,y)\mathrm{d}x\mathrm{d}y$$

$$m_{0,1}=\int_{-\infty}^{+\infty}\int_{-\infty}^{+\infty}yf(x,y)\mathrm{d}x\mathrm{d}y$$

对于数字图像 $f(x,y)$，用双重求和的形式代替上述积分，点(x,y)处的 $p+q$ 阶矩定义为

$$m_{p,q}=\sum_{x}\sum_{y}x^{p}y^{q}f(x,y) \tag{9.7}$$

零阶矩为 $m_{0,0}=\sum\limits_{x}\sum\limits_{y}f(x,y)$。$m_{0,0}$ 是该区域的点数，也是目标物体的面积。

一阶矩为 $m_{1,0}=\sum\limits_{x}\sum\limits_{y}xf(x,y)$，$m_{0,1}=\sum\limits_{x}\sum\limits_{y}yf(x,y)$。其中图像的质心坐标为

$$\left.\begin{aligned}x_c&=\frac{m_{1,0}}{m_{0,0}}\\ y_c&=\frac{m_{0,1}}{m_{0,0}}\end{aligned}\right\} \tag{9.8}$$

离散图像$(p+q)$阶中心矩定义为

$$u_{p,q}=\sum_{x}\sum_{y}(x-x_c)^{p}(y-y_c)^{q}f(x,y) \tag{9.9}$$

式中：中心矩具有平移不变性和尺度不变性的特性。

所有的矩都存在物理意义，具体物理意义如下：

u_{20} 表示图像在水平方向上的伸展度。

u_{02} 表示图像在垂直方向上的伸展度。

u_{11} 表示图像的倾斜度。$u_{11}>0$ 表示图像向左上倾斜，$u_{11}<0$ 表示图像向右上倾斜。

u_{30} 表示图像在水平方向上的重心偏移度。$u_{30}>0$ 表示重心偏左，$u_{30}<0$ 表示重心偏右。

u_{03} 表示图像在垂直方向上的重心偏移度。$u_{03}>0$ 表示重心偏上，$u_{03}<0$ 表示重心偏下。

u_{21} 表示图像水平伸展的均衡程度。$u_{21}>0$ 表示图像下部水平伸展比上部大，$u_{21}<0$ 表示图像的上部水平伸展比下部大。

u_{12} 表示图像垂直伸展的均衡程度。$u_{12}>0$ 表示图像右边的垂直伸展比左边大，$u_{12}<0$ 表示图像左边的垂直伸展比右边大。

容易验证，$u_{p,q}$ 在平移与尺度变换下均为不变量，但在物体旋转时 $u_{p,q}$ 会变化。

胡贵明于 1962 年提出了以下由归一化中心几何矩定义的七个平移、旋转、比例尺度变换下的不变量：$\Phi=\{\phi_i \mid i=1,2,\cdots,7\}$，其中 $\phi_1\sim\phi_7$ 分别定义为

$$\left.\begin{aligned}
&\phi_1=u_{20}+u_{02}\\
&\phi_2=(u_{20}-u_{02})^2+4u_{11}^2\\
&\phi_3=(u_{30}-3u_{12})^2+(u_{03}-3u_{21})^2\\
&\phi_4=(u_{30}+u_{12})^2+(u_{03}+u_{21})^2\\
&\phi_5=(u_{30}-3u_{12})(u_{30}+u_{12})\phi_x+(u_{03}-3u_{21})(u_{03}+u_{21})\phi_y\\
&\phi_6=(u_{20}-u_{02})[(u_{30}+u_{12})^2-(u_{03}+u_{21})^2]+4u_{11}(u_{30}+u_{12})(u_{03}+u_{21})\\
&\phi_7=(3u_{21}-u_{03})(u_{30}+u_{12})\phi_x+(u_{30}-3u_{21})(u_{03}+u_{21})\phi_y\\
&\phi_x=(u_{30}+u_{12})^2-3(u_{03}-3u_{21})^2\\
&\phi_y=(u_{03}+u_{21})^2-3(u_{30}+u_{12})^2
\end{aligned}\right\}\tag{9.10}$$

胡贵明已经证明，这组矩具有平移、旋转、比例尺度变化不变性。这些矩的幅值反映了物体的形状并可用于形状检索和模式识别等领域。

9.5 基于高分辨率遥感图像的桥梁目标毁伤效果评估模型

9.5.1 桥梁目标毁伤效果评估流程

桥梁被攻击后毁伤程度的评估是在桥梁特征与模板库中信息进行详细对比分析之后。低层图像处理以后，就可以评估桥梁的物理毁伤程度。物理毁伤主要获得如下几方面的信息：

1)是否有主梁完全断裂状况；

2)单连通毁伤区域的数量；

3)每个毁伤区域的大小和形状；

桥梁物理毁伤评估流程如图 9.12 所示。

功能毁伤评估是以物理毁伤评估的结果为依据，在此采用的功能毁伤评估方法是图像模板匹配，具体的流程如图 9.13 所示。

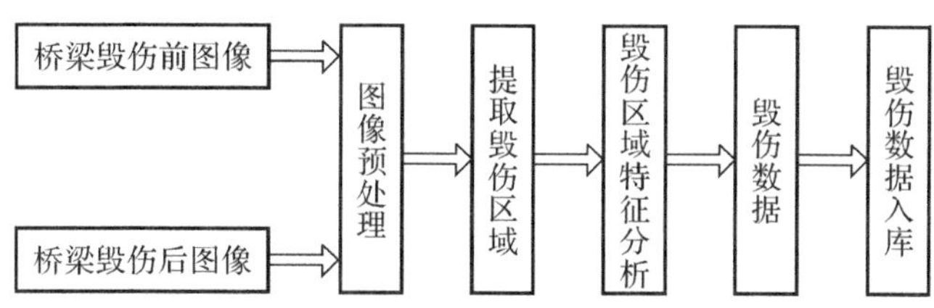

图 9.12　桥梁目标物理毁伤评估流程

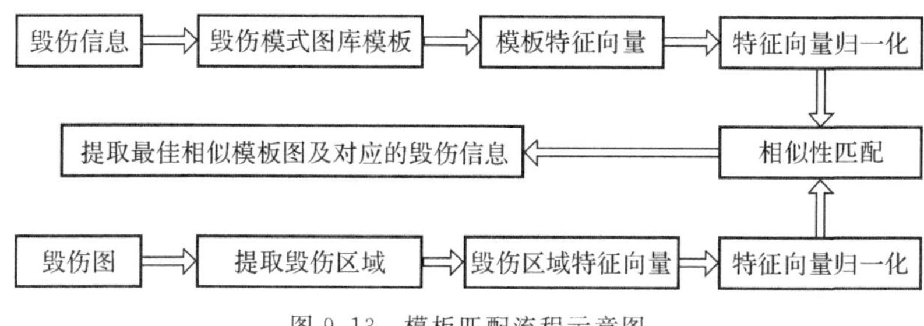

图 9.13　模板匹配流程示意图

9.5.2　桥梁目标毁伤效果评估的图像模板匹配原理

1.桥梁目标毁伤区域图像模板匹配基本思路

桥梁目标毁伤效果评估所涉及的图像模板匹配方法基本思路如下：

首先根据桥梁的毁伤模式建立毁伤图库模板，在此基础上建立毁伤模型计算出桥梁毁伤的三个指标：最大行车道、最大承载力和修复时间。在建立毁伤模式时，需要注意的是根据作战和系统需要划分承载力等级。然后逐个提取所建立的模板中图库的形状特征向量，并且进行归一化处理。

在获得毁伤图后提取毁伤区域，判断桥梁的毁伤情况。如果桥梁毁伤属于第一种毁伤状况，那么可以得出基本结论；如果桥梁毁伤属于第二种毁伤状况，那么继续下一步进行模板匹配。如果桥梁毁伤属于第二种毁伤状况，提取毁伤区域的特征并且根据相似度函数在模板库中搜索最佳匹配模板；提取最佳模板的毁伤信息包括最大行车道、最大承载力和修复时间三个指标，得出评估结论。其流程示意图如图 9.13 所示。

2.桥梁目标毁伤区域特征提取一般步骤

桥梁目标毁伤区域特征为 9.4.2 节中所列举出来的特征，包括三部分：

1)决定毁伤区域的相对位置特征；

2)决定毁伤区域的形状特征；

3)决定毁伤区域的矩特征。

在中高分辨率图像中的桥梁毁伤区域的区分只需要前面两部分的特征就完全可以，但是在高的分辨率图像中毁伤区域会表现更多的细节，需要用矩特征来描述。具体特征提取过程参见相关文献，流程如图 9.14 所示。

1)确定用 Canny 算子对图像进行边缘提取，得到边缘图像。

2)对边缘图像进行轮廓跟踪，得到外轮廓图像。

3)对外轮廓图像进行预处理：首先平滑轮廓线得到连续的轮廓线，采用自适应二值化的方法二值化该轮廓线，再细化轮廓线。最后得到清晰的连续平滑、单像素、二值化的外轮廓图像。

4)进行种子填充，得到图像的外轮廓线所包围的目标区域。

5)计算目标区域的不变矩，构成这幅图像的形状特征向量。

6)对形状特征向量进行内部归一化处理，将特征值存入图像特征库。

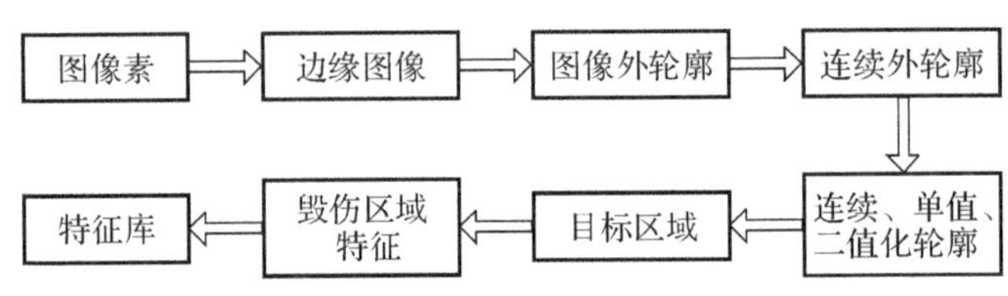

图 9.14　毁伤区域特征提取流程

3.桥梁目标毁伤区域特征相似性度量方法

图像的相似性度量，是基于内容的图像模板匹配技术中又一个关键问题。它是建立在图像内容的基础上，由图像内容的相似度得到图像相似性的一种比较方法。其中，图像的颜色特征、纹理特征、形状和空间关系特征被认为是低层次上的特征，具有相对直观的特点。语义内容是高层次上的特征，具有相对主观抽象的特点。目前对图像相似性度量的研究主要集中在低层次上，即基于图像的颜色、纹理、形状和空间关系等特征。图像特征大都是以向量形式表示的，因此常用的图像相似度比较方法都是基于向量空间模型(Vector Space Model)，即图像特征看作向量空间的点，通过计算两点之间的接近程度来衡量图像间的相似度。

如何用数值来有效地表示图像的相似程度，这便是相似性度量问题，相似性度量将会直接影响检索效果。在模式识别技术中，特征的相似性度量多采用距离法，即特征的相似程度用特征向量的空间距离来表示，距离越大，图像之间的差别越大，反之就越相似。图像特征空间中的度量方法包括距离度量、概率计算和相关计算等。在此采用欧氏距离和相关系数法求相似性问题。

(1)距离度量

用明氏距离计算两个图像间的距离,其表达式为

$$D(X,Y)=(\sum|x_i-y_i|^p)^{1/p} \tag{9.11}$$

式中:X、Y 分别表示图像;x_i、y_i 表示图像的特征;$p=1,2,\cdots,\infty$。当 $q=1$ 时,为曼哈坦距离(即绝对距离);当 $q=2$ 时,为欧氏距离;当 $q=3$ 时,为切比雪夫距离。

明氏距离特别是其中的欧氏距离是人们较为熟悉的,也是使用最多的距离。当各变量的测量值相差悬殊时,采用明氏距离并不合理,需要先对数据标准化,然后用标准化后的数据计算距离。

(2) 向量归一化处理

按照式(9.1) ~ 式(9.4) 和式(9.8) 计算目标区域的特征值,构成了特征向量。特征向量中的每一个元素的幅度大小不相同,在以欧氏距离作为相似性度量时,就会产生很大的偏差,必须通过特征归一化来消除这种偏差。

将特征向量记为 $\boldsymbol{F}=[f_1\quad f_2\quad f_3\quad \cdots\quad f_N]^{\mathrm{T}}$,设图像库中的 M 幅图像分别标记为 $i=1,2,\cdots,N$,。对第 i 幅图像,其相应的特征向量记为 $\boldsymbol{F}_i=[f_{i,1}\quad f_{i,2}\quad \cdots\quad f_{iN}]^{\mathrm{T}}$。这样由图像库中的 M 幅图像,就可以得到一个 $M\times N$ 的特征矩阵 $\boldsymbol{F}'=(f_{i,j})$,其中 $f_{i,j}$ 是 F_i 的第 j 个特征元素。$\boldsymbol{F}'$ 的每一列是长度为 M 的特征序列,表示为 $\boldsymbol{F}'_j$。计算其均值 E_j 和标准差 σ_j,然后利用高斯归一化的方法将原序列进行归一化处理:

$$f'_{i,j}=\frac{|f_{i,j}-E_j|}{3\sigma_j} \tag{9.12}$$

这 N 个归一化后的不变矩就是所要提取的特征值,存入图像特征库。

(3) 特征向量归一化后相似性度量准则

使用归一化后的特征向量计算模板与毁伤区域之间的特征的欧氏距离。

$$D_i(X,Y)=(\sum|x_{ij}-y_j|^2)^{1/2},\quad i=1,2,\cdots,M;\quad j=1,2,\cdots,N \tag{9.13}$$

式中:X 表示模板图像集合;Y 表示毁伤区域图像;$x_{ij}=f'_{i,j}$;y_j 分别表示第 i 幅模板图像形状特征和实际毁伤区域图像的形状特征。

将图像模板数据库中的所有图像,按照以上方法计算归一化处理后的欧氏距离从小到大排序,显示排在前面的若干幅图像。提取欧氏距离最小的模板图像的毁伤信息为桥梁毁伤的毁伤效果。

9.5.3　基于模板匹配的桥梁目标毁伤评估模型建立

(1) 最大可用车道数模型

可用车道数与车道宽 L 相关。假设桥梁被攻击后侦察到的弹坑(假定弹坑

为单连通）的横向距离为 l_1，桥梁弹坑的边缘距桥梁两边边缘的距离分别为 l_2、l_3，桥梁总的宽度为 l_0，那么打击后桥梁可行使车道数为

$$N_1=\left[\frac{l_2}{L}\right]+\left[\frac{l_3}{L}\right] \tag{9.14}$$

式中：$[L]$ 表示对 L 取整，下同。

根据打击前侦察的数据可以知道桥梁的车道数 N，但是 N 却并不能代表战时车辆通过桥梁时桥梁真正的通行车道数。因为桥梁两边一般设有人行道，战时也可以通过车辆，所以在此把 N_0 作为桥梁的初始的总的可用车道数。

$$N_0=\left[\frac{l_0}{L}\right] \tag{9.15}$$

那么，桥梁可用车道数的相对下降程度表示为

$$u_1=\frac{N_0-N_1}{N_0}\times 100\% \tag{9.16}$$

（2）最大承载力模板模型

承载力的计算比较复杂。由于桥梁被打击的方位不同，因此桥梁承重的受力情况也不相同。在进行自动评判时，计算出受力情况虽然能够准确地评估桥梁的承重能力的相对下降值，但并不是每次都可行，因为获得的图像并不能全面反应桥梁的结构毁伤程度。相关文献从桥梁战时受导弹打击后桥梁的毁伤模式出发，研究受损桥梁的承载能力，为快速评估桥梁毁伤效果提供了一个全新的思路，即根据桥梁主梁的毁伤模式建立若干桥梁的毁伤模板，战时评估时根据提取桥梁毁伤的区域与毁伤模板进行匹配，估算承载能力。

1）第一种毁伤状况：主梁因为爆炸冲击荷载而完全断裂。这种情况下，被毁伤的主梁可考虑排除在承载结构之外，在计算主梁毁伤效果时可不再考虑完全断裂的主梁，只是在计算桥跨承载力影响的时候将其作为某一主梁缺失的情况来考虑。显然，如果是这个的情况的话，那么承载力为 $F=0$。

桥梁打击后承载力的相对下降程度 u_2 计算如下：

$$u_2=\frac{F_0-F}{F_0}\times 100\% \tag{9.17}$$

由于 F 的不确定性，可取 F 所落入区间的最大值计算。当 F 落入的区间为最大的一个区间时，取 $F=F_0$。

2）第二种毁伤状况：主梁未完全断裂。梁是桥跨结构主要的承重部件，爆炸冲击荷载对桥跨结构造成的毁伤，主要是因为对主梁的毁伤引起的。桥跨结构的毁伤效应，则是主梁毁伤和桥面等附属结构毁伤综合后形成的。主梁的毁伤效果可能因为射弹类型、装药量大小的不同而千变万化。因此，根据对梁的承载力影响的大小，可以把毁伤效果归纳为几种典型方式，并对毁伤截面进行规则

化整理，然后再根据最不利截面来确定其对主梁的承载力的影响。相关文献给出了具体的计算方法。

主梁的类型可划分为三种，用集合表示为

$$S=\{S_1,S_2,S_3\} \tag{9.18}$$

式中：S_1 表示矩形梁；S_2 表示 T 形梁；S_3 表示箱形梁。其中：矩形梁的典型毁伤模式可归纳为两种；T 形梁的典型毁伤模式可归纳为五种；箱形梁的典型毁伤模式可归纳为八种。具体的毁伤效果图与最不利截面图见 9.2.3 节。

矩形梁两种毁伤模式可用集合表示为

$$S_1=\{D_{11},D_{12}\} \tag{9.19}$$

T 形梁五种毁伤模式可用集合表示为

$$S_2=\{D_{21},D_{22},D_{23},D_{24},D_{25}\} \tag{9.20}$$

箱形梁八种毁伤模式可用集合表示为

$$S_3=\{D_{31},D_{32},D_{33},D_{34},D_{35},D_{36},D_{37},D_{38}\} \tag{9.21}$$

通过集合的并运算可得到桥梁毁伤模式的总体集合模型

$$\begin{aligned}S=\{S_1,S_2,S_3\}=\{&D_{11},D_{12},D_{21},D_{22},D_{23},D_{24},D_{25},D_{31},\\&D_{32},D_{33},D_{34},D_{35},D_{36},D_{37},D_{38}\}\end{aligned} \tag{9.22}$$

战时，桥梁受打击后的毁伤形式的多样性用上面的方法进行简化处理。前面已经讨论，精确计算桥梁的受力情况不大现实，可用比较分等级的方法对承载力 F 进行量化。就是把桥梁遭攻击后的最大承重分为若干个等级，等级的数量与系统要求的毁伤评估的分辨率相关。分辨率要求越高，那么等级数量也会越多；分辨率要求越低，那么等级数量也会越少。可以建立 n 个等级，用矩阵表示为

$$\boldsymbol{a}=[a_1 \quad a_2 \quad \cdots \quad a_n]^{\mathrm{T}} \tag{9.23}$$

若承载力的单位用吨衡量，F_0 表示桥梁未受打击前的最大承载力。这里 $\boldsymbol{a}=[a_1 \quad a_2 \quad \cdots \quad a_n]^{\mathrm{T}}$ 对应的承载力 F 为

$$\{(0,F_1],(F_1,F_2],\cdots,(F_{n-1},F_0]\} \tag{9.24}$$

将承载力等级 $\boldsymbol{a}$ 与毁伤模式对应起来，按照 S 集合的次序组合在一起，组成矩阵 $\boldsymbol{M}_{n\times 13}$，称该矩阵为桥梁毁伤最大承载力模板矩阵($\boldsymbol{M}$)。

$$\boldsymbol{M}=\begin{bmatrix}M_{111} & M_{121} & M_{211} & \cdots & M_{251} & M_{311} & \cdots & M_{381}\\ M_{112} & M_{122} & M_{212} & \cdots & M_{252} & M_{312} & \cdots & M_{382}\\ \vdots & \vdots & \vdots & & \vdots & \vdots & & \vdots\\ M_{11n} & M_{12n} & M_{21n} & \cdots & M_{25n} & M_{31n} & \cdots & M_{38n}\end{bmatrix} \tag{9.25}$$

该模板矩阵 $\boldsymbol{M}$ 中的每一个元素与桥梁毁伤模板一一对应。例如，M_{213} 表示第二类桥梁(T 形梁）的第一种毁伤模式(一侧翼缘破碎）的毁伤程度在第三级

(a_3) 的模板矩阵单元。

(3) 失效时间模板模型

对于一座桥梁战时遭到炸弹攻击破坏后判断其能否抢修,需要根据它的破坏部位以及损伤状态,在某一部位遭到破坏后会不会导致整座桥的垮塌。若桥梁不会垮塌,则认为可以进行抢修。

桥梁的形式有许多种,战时若桥梁受到导弹的攻击,其抢修的方式与修复的时间也不同。这给被打击桥梁失效时间的估计造成十分大的困难。相关文献指出,在不同的破坏程度(轻微损坏、中等损伤、严重损伤)下,桥梁的抢修方案可以大致分为下面五种:

1) 对导弹精确击中桥墩(桥墩炸断)的中度损伤的抢修方案 R_1;

2) 对导弹精确击中主梁的中度或严重损伤的抢修方案 R_2;

3) 以弹着点区域的局部破坏和局部开裂为主要特征的轻度破坏或中度破坏的抢修方案 R_3;

4) 以局部范围开裂或较大面积开裂为主要特征的轻度破坏的抢修方案 R_4;

5) 对主梁预应力钢筋被炸断而导致桥面预应力不足的抢修方案 R_5。

五种抢修方案的集合表示为

$$R=\{R_1,R_2,R_3,R_4,R_5\} \tag{9.26}$$

不同的抢修方式的修复时间不一样,同一种修复方式的时间也有可能不一样。精确计算出修复时间也非常困难,因为修复时间与很多的因素有关,如装备、部队训练情况等。可以用估算的方法对抢修的时间进行估计。根据作战要求不同,可以把修复时间分为若干个等级,这里把修复时间分为以下 m 个等级,并且用集合的方式表示如下:

$$\lambda=\{\lambda_1,\lambda_2,\cdots,\lambda_m\} \tag{9.27}$$

式中:λ_1 为修复时间少于 t_1;λ_2 为修复时间在 $t_1 \sim t_2$ 之间;λ_m 为修复时间在 $t_{m-1} \sim t_m$ 之间。将修复时间等级与抢修模式对应起来,按照 R 集合的次序组合在一起,组成矩阵 $\boldsymbol{T}_{m\times 5}$,称该矩阵为桥梁修复时间模板矩阵($\boldsymbol{T}$),也叫桥梁失效时间模板矩阵:

$$\boldsymbol{T}=\begin{bmatrix} T_{11} & T_{12} & T_{12} & T_{14} & T_{15} \\ T_{21} & T_{22} & T_{23} & T_{24} & T_{25} \\ \vdots & \vdots & \vdots & \vdots & \vdots \\ T_{m1} & T_{m2} & T_{m3} & T_{m4} & T_{m5} \end{bmatrix} \tag{9.28}$$

该模板矩阵 $\boldsymbol{T}$ 中的每一个元素与桥梁失效时间模板一一对应。例如,T_{22} 表示用 R_2 修复方案所需修复时间(桥梁失效时间)处在第二级(λ_2)的模板矩阵单元。

9.6　桥梁目标毁伤评估模型应用举例

根据模板匹配的流程，对桥梁毁伤做评估，具体解释基于模板匹配的桥梁毁伤效果评估，具体步骤如下。

(1)桥梁数据与桥梁毁伤图

由于无法获取真实的桥梁导弹毁伤图，所以首先要模拟桥梁毁伤效果。为充分说明毁伤评估模型，在本例中模拟出两处毁伤效果，桥梁的具体初始数据见表 9.1，毁伤前、后的模拟图如图 9.15 和图 9.16 所示。

表 9.1　桥梁初始数据

图像大小	911×545 像素	桥梁宽度	20 m
梁部结构	箱式梁	最大车道数	6
桥梁长度	1 500 m	桥梁最大承载力	50 t

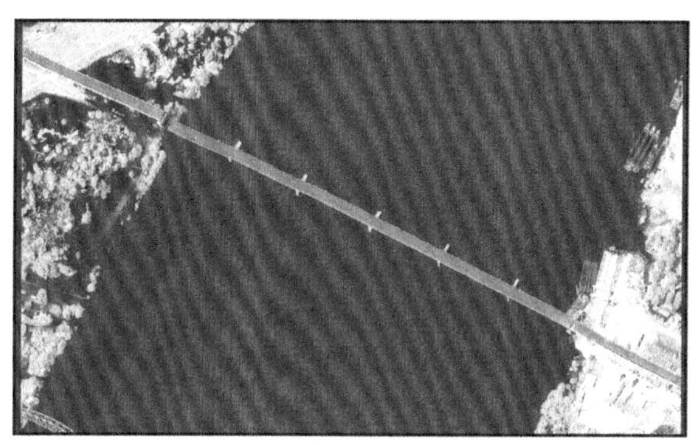

图 9.15　桥梁被毁伤前图像

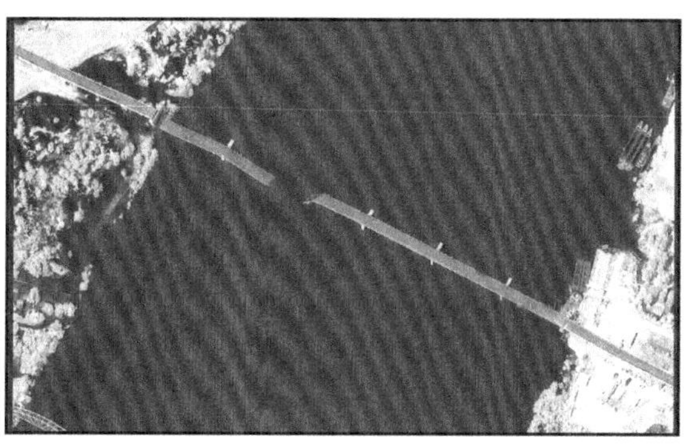

图 9.16　桥梁被毁伤后图像

(2)建立标准图像模板

有实验证明桥梁毁伤后承载力变化主要与导弹打击后留下的弹坑的形状、毁伤区域大小和毁伤区域处于桥梁的位置相关，而且还与导弹战斗部类型相关。由 9.5.3 节分析要求建立第二种毁伤状况下(未断梁)的模板，限于篇幅，这里只给出箱形梁被整体式杀伤爆破弹毁伤后，典型毁伤效果中三种典型受损模式三种不同等级的九个毁伤模板(参考图 9.17)。

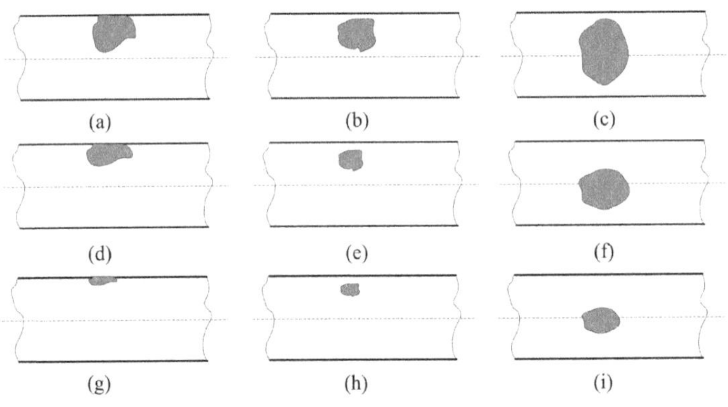

图 9.17　桥梁毁伤模板图

(3)建立毁伤图库对应的毁伤特征库

由前面分析可知，对每一种毁伤模板，都要建立毁伤数据信息。若把承载力等级划分为三个等级，则每种模式都有 11 个归一化处理以后的数据矩阵信息。由于本例中模板形状简单，根据 9.5.2 节讨论知道只需要取三个形状特征就可以区分它们，所以这里只取三个形状特征，见表 9.2(毁伤信息为假设数据)。桥梁模板毁伤数据见表 9.2。

表 9.2　桥梁模板毁伤数据

模板编号	毁伤信息			形状特征		
	最大行车道	最大承载力/t	修复时间/h	形心相对位置 f_1	毁伤宽比桥宽 f_2	矩形度 f_3
a	3	20	5	0.51	0.43	0.90
b	3	20	5	0.42	0.41	0.85
c	1	5	10	0.05	0.85	0.88
d	4	30	4	0.76	0.25	0.87
e	4	30	3	0.45	0.25	0.92

续表

模板编号	毁伤信息			形状特征		
	最大行车道	最大承载力/t	修复时间/h	形心相对位置 f_1	毁伤宽比桥宽 f_2	矩形度 f_3
f	3	20	8	0.20	0.51	0.90
g	5	50	2	0.91	0.10	0.93
h	5	40	2	0.65	0.21	0.89
i	4	20	3	0.10	0.31	0.88

(4)提取桥梁毁伤区域及区域形状特征

桥梁毁伤区域提取方法在相关文献做了比较全面的研究，在此基础上，首先分析毁伤情况。如图 9.18(a)属于第一种毁伤状况，转入第六步；如果如图 9.18(b)属于第二种毁伤状况，提取形状特征向量，并且把特征向量归一化。

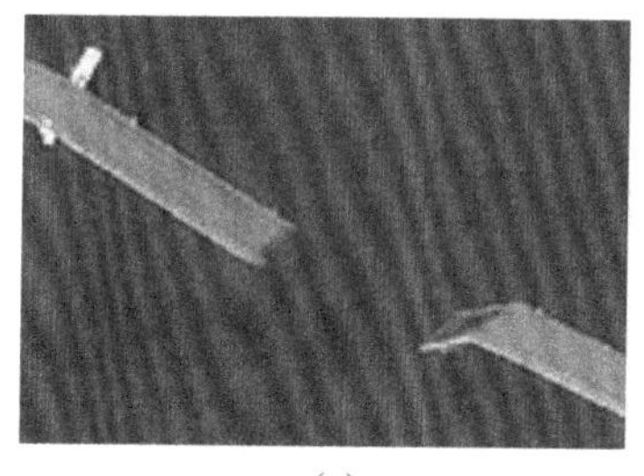
(a)

(b)

图 9.18　桥梁毁伤区域提取图

桥梁毁伤区域特征见表 9.3。

表 9.3　桥梁毁伤区域特征

形心相对位置 f_1	毁伤宽比桥宽 f_2	矩形度 f_3
0.78	0.24	0.87

(5)相似性度量(模板匹配)

利用式(9.13)计算毁伤区域特征向量和模板向量的欧氏距离。

计算出各个模板与毁伤图的欧氏距离见表 9.4。

表 9.4　实际毁伤图与模板图特征欧氏距离

模板编号	a	b	c	d	e	f	g	h	i
欧氏距离	0.05	0.21	0.11	0.01	0.27	0.28	0.05	0.14	0.6

很清楚地知道模板 d 的欧氏距离最小，所以根据分析可以把模板 d 的先验毁伤信息作为桥梁毁伤评估信息。

(6)毁伤信息

如果毁伤属于第一种毁伤状况，属于重度毁伤，那么评估桥梁被打击后最大行车道为 0，最大承载力为 0，修复时间 10 天以上(假设数据)。

如果毁伤属于第二种毁伤状况，那么提取先验毁伤知识，如本例中提取模板 d 的毁伤信息为：桥梁被打击后最大行车道为 4，最大承载力为 30 t，修复时间 4 h以上。

9.7 本章小结

本章应用图像模板匹配方法进行桥梁目标毁伤效果评估。①分析了桥梁在遥感信息中的表现特征，指出了桥梁俯视信息是当前遥感信息的主要形式，毁伤信息的不完整性对毁伤评估方法的选取有决定性的作用；②分析了桥梁的基本结构，对各种不同的结构都简化为简支梁结构，以此为基础定性研究了桥梁目标的毁伤模式，引用三种梁部结构的典型毁伤模式；③基于遥感信息的特征分析了桥梁目标毁伤效果评估系统的流程和主要技术；④建立了桥梁毁伤指标计算模型——基于模板匹配的桥梁导弹毁伤效果评估模型，利用图像模板匹配原理评估桥梁毁伤；⑤给出了一个应用实例，详细说明了基于模板匹配方法的桥梁目标毁伤效果评估过程。

第 10 章 基于遥感信息的楼房建筑目标毁伤效果评估

10.1 引 言

战时打击敌方指挥决策机构，使其指挥系统瘫痪或丧失功能，对掌握战争主动权至关重要。一般来讲，政治、经济、军事等指挥决策机构都设在大型建筑物内，因而对敌方上述机构的打击，就是对该机构所在建筑物的打击。建筑物的类型非常多，而且随着社会的发展，科技水平的提高，建筑结构、建筑材料和工艺都在不断变化。另外，新型的导弹也不断出现。这些变化对于建筑物的毁伤效果评估有着非常复杂的影响，因而对建筑物的毁伤效果评估，只能以典型的建筑为例来进行研究。

10.2 楼房建筑目标特性分析

10.2.1 楼房建筑的结构分析

对于建筑日标，结构体系与结构的承载能力、侧向刚度、抗震性能、材料用量及造价等均有密切的关系，还与建筑层数、总高度和建筑空间大小等有关。随着建筑高度增大、层数增多，其结构体系也不断发展。早期的多、高层建筑由于层数较少，多采用框架结构体系。大约到 20 世纪 40 年代后期，出现了用剪力墙作为高层建筑的承重和加劲结构，形成了剪力墙结构体系和框架-剪力墙结构体系。60 年代以来，为了适应高层建筑向更高的方向发展，出现了侧向刚度很大的筒体结构。此外，其他各种类型的结构(如悬挂式结构等)相继出现，同时为了适应地震区建造多、高层建筑的需要，亦相继出现了消震和减震结构，以减少地震能量的输入。

多、高层建筑结构类型很多，按结构体系来说，大体分为以下几种。

(1)框架结构体系

如图 10.1 所示，框架由梁(横向和纵向)和立柱组成，它们可形成多层多跨框架，垂架可以是等跨的或不等跨的，层高相等的或不完全相等的，亦可因某种使用要求而使得某层缺柱或某跨缺梁而形成复式框架。框架可分为现浇式、装配式和装配整体式。所谓装配整体式框架，即将预制构件就位后再连成整体框架，它兼有现浇和装配框架的一些优点，应用较为广泛。

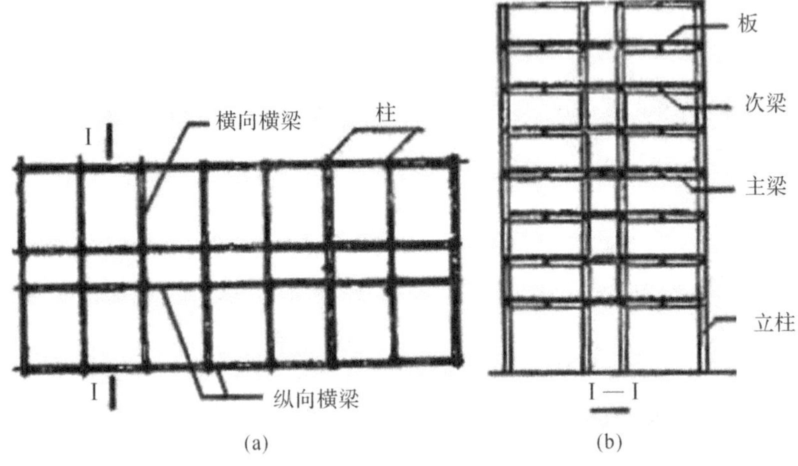

图 10.1 框架结构图

(a) 平面图； (b)截面图

(2)框架-剪力墙结构体系

如图 10.2 所示，在框架结构平面中适当部位设置一定的钢筋混凝土剪力墙，形成框架-剪力墙体系。框架主要承受竖向荷载，剪力墙主要承受水平荷载。

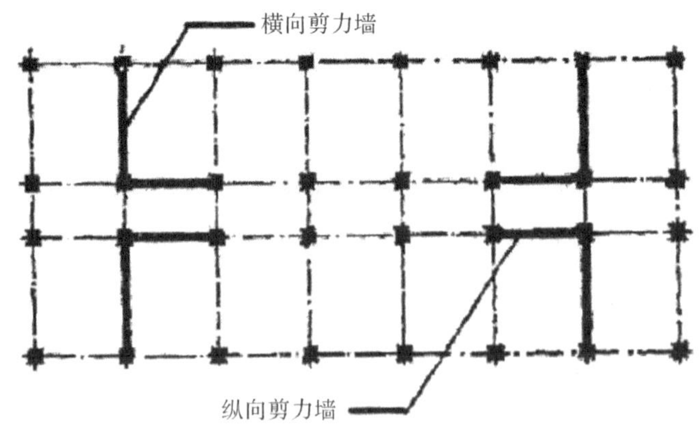

图 10.2 框架-剪力墙结构图

与框架结构相比，框架-剪力墙结构属于中等刚性结构，在水平荷载作用下的侧移显著减小，从位移的限制条件来说，它的建造层数可比框架结构多。框架-剪力墙结构常用于住宅、旅馆、办公楼等，从我国工程实践看一般可建 20 层以下的建筑。在考虑抗震设防要求后，设防烈度为 9 度和小于 9 度地区，框架-剪力墙结构可以达到受力效果。

(3)剪力墙结构体系

主体承重结构全部为剪力墙时，即为剪力墙结构体系。剪力墙结构体系抗侧向力能力强，但平面布置不灵活，建筑空间小，一般用于住宅和旅馆等建筑。

(4)简体结构体系

简体结构为空间结构受力体系，是由平面结构演变而成的新型高层房屋结构体系。

1)单筒结构，四周为框架，中间利用电梯井、楼梯间、管道井等组成筒体，即内筒体。

2)筒中筒结构，如图 10.3 所示，用楼盖把内外筒体连接成一个整体，称为筒中筒结构。当四周外墙组成外筒体时，一般外墙为密排柱与窗裙梁组成的网络，即为简体的单筒结构。外筒体的侧向刚度要比内筒体侧向刚度大。

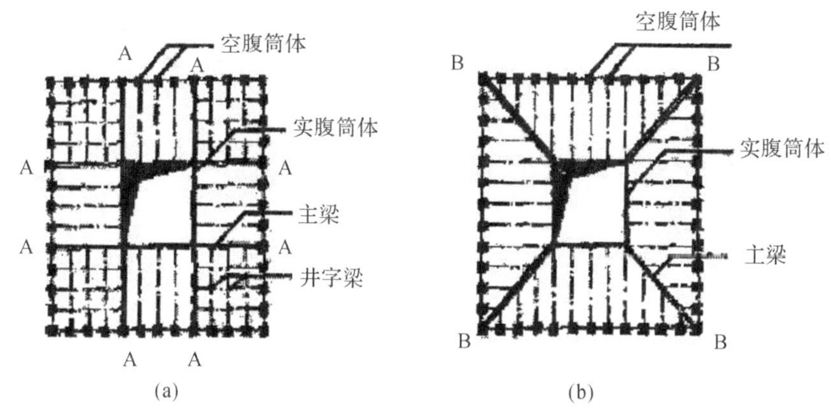

图 10.3　筒中筒结构图

10.2.2　楼房建筑结构损伤分析

侵彻和爆炸的显著区别之一是：侵彻是局部破坏，爆炸是整体破坏。战斗部对建筑物的直接侵彻破坏主要表现在对建筑物某一构件的破坏，因此当考核战斗部的侵彻效应时，就应该对建筑物各种构件的特性进行研究。

从上述分析论述可知，多、高层建筑的结构体系多种多样，但一幢建筑无论采用什么样的结构体系，它都是由受力结构和非受力结构组成。受力结构包括梁、板、柱和剪力墙；非受力结构（围护结构）包括填充墙、门、窗、玻璃幕墙；等等。

战斗部对多、高层建筑进行攻击时，可能侵彻的构件有楼板、填充墙、剪力墙、窗户、玻璃幕墙、梁和柱等。因此，战斗部对建筑物的攻击实质就是对上述受力和非受力结构构件的攻击。由于填充墙、玻璃幕墙、窗户、剪力墙和楼板在整幢建筑中所占的面积非常大，因此在打击过程中，直接命中这些构件的概率非常大；柱和梁由于截面较小，且间距较大，直接命中的概率相对较小。但是，当建筑高度很高且采用筒体结构体系时，柱距大大减小（此时的柱距一般为 1～3 m，框架结构的柱距一般是 3～8 m），导弹直接命中柱和梁的概率也随之增大。在一幢多、高层建筑中，柱是所有构件中抗侵彻（打击）能力最强的结构构件。从最大限度地保证战斗部侵彻能力的角度考虑，对柱的侵彻不应当被忽略，而且应作为导弹侵彻能力考核的重要指标。综上所述，战斗部对多、高层建筑的侵彻能力主要体现在它对柱（梁）、楼板、剪力墙、填充墙、玻璃幕墙和窗户的侵彻破坏情况。

楼房建筑只是承担其功能发挥的载体，功能发挥与楼房建筑的设备和人员有着密切联系，这两部分也是分析楼房建筑毁伤的对象。楼房建筑结构战场损伤分析见表 10.1。

表 10.1 楼房建筑结构战场损伤分析

系统	基本功能项目	功能	损伤模式	损伤原因	影响任务完成程度	损伤程度分类	发生可能性	恢复性
楼房建筑	受力结构（梁、板、柱和剪力墙等）	承载楼房建筑的主要受力	断裂、变形等	疲劳、击中、冲击波	$f(s_1)$	$x(s_1)$	$p(s_1)$	$d(s_1)$
	非受力结构（填充墙、门、窗、玻璃幕墙等）	装饰和隔离	断裂、变形、燃烧	疲劳、击中、冲击波	$f(s_2)$	$x(s_2)$	$p(s_2)$	$d(s_2)$
	设备（电子设备、机械设备等）	指挥、获取情报、分析等通信任务和其他功能	击穿、燃烧、不工作等	击中、冲击波、光辐射、故障	$f(s_3)$	$x(s_3)$	$p(s_3)$	$d(s_3)$
	工作人员	发挥建筑物承载各项功能的主体	受伤、死亡	弹击中、冲击波	$f(s_4)$	$x(s_4)$	$p(s_4)$	$d(s_4)$

10.2.3　楼房建筑的毁伤模式分析

由于楼房建筑结构的不同，所采用建筑材料的不同，以及常规导弹击中建筑物部位的不同，因此所造成的建筑物损坏程度会有所不同。此外，所使用作战武器不同，从卫星图像上所反映出的建筑物受损情况也不同。例如，侵彻弹头只会在建筑物上留下一个不大的洞，至于弹头在建筑物内部爆炸所造成的毁伤程度，在图像上反映不出来；再如，石墨炸弹在建筑物外表爆炸，图像上会反映出一个很大的黑斑（其实建筑物内部没造成毁伤）。这些都会影响毁伤效果评估的准确性。常规导弹爆炸产生的冲击波、热作用会对建筑物产生一定的破坏作用，但由于威力有限，很难对建筑物的承重结构造成影响。如果多枚导弹击中同一建筑的承重结构，建筑物容易造成倒塌；如果未击中承重结构，建筑物的主体不受影响，经过修复可以重新使用。

地面建筑物作为很多重要军事部门的所在地，是军事打击的重要目标，对于建筑物的打击一般采用半穿甲战斗部侵彻爆破的形式。利用数值模拟方法对典型的建筑物内部爆炸问题进行研究，可以模拟出受到不同的弹头攻击下建筑结构对爆炸作用的响应及破坏过程和范围的先验概率。

楼房建筑的主要毁伤模式：

1）楼房结构整体坍塌：建筑物遭受数枚导弹的袭击，且均击中要害部位。主体结构完全坍塌，可能同时引起大火，建筑物报废。如果楼房建筑物遭到导弹袭击导致结构整体坍塌，那么建筑物所承担的功能（如指挥中心、政府机关大楼、导航台、通信等功能）将完全丧失。

2）楼房结构局部坍塌：建筑物遭受导弹的袭击，爆炸冲击波冲击建筑物的主要承载结构单元并使之失效，可能同时引起大火，导致楼房结构局部坍塌。如果楼房建筑物遭到导弹袭击导致结构局部坍塌，那么建筑物所承担的功能可能遭到破坏甚至功能完全丧失。

3）楼房结构局部受损：建筑物遭受导弹的袭击，爆炸冲击波冲击建筑物的墙、楼板等结构单元，但是并未冲击建筑物的主要承载单元，可能同时引起大火，导致楼房结构部分变形。如果楼房建筑物遭到导弹袭击导致结构局部受损，那么建筑物所承担的功能可能遭到破坏甚至功能完全丧失。

需要指出的是，楼房结构的破坏模式并不能从根本上反映楼房建筑物所承担的功能毁伤，它们也不存在一一对应的关系。建筑物所承担的功能不同，则对其打击方式也不一样，但是在图像中表现的形式却是一样的。譬如同样如图 10.4 所示楼房（通信楼）建筑物结构局部坍塌，如果并没有把楼房的通信设施彻底毁伤和电力设施彻底破坏，那么其作为通信楼的功能在战时几乎不受影响。

同样，不同的战斗部类型对同一目标实施打击，即使在表面上表现相同，其内部结构损伤与功能毁伤也会不一样。

图 10.4　楼房建筑毁伤图

10.3　楼房建筑在遥感信息中的表现特征

从卫星影像中自动提取建筑物不仅是自动数字摄影测量的需要，同时从理论意义上看，对建筑物的检测和描述也为场景分割、三维重建和形态描述等计算机视觉问题的研究提供了丰富而现实的需求环境。经过对大量图像的观察发现，建筑物在图像中呈现如下特征：

1)多为平行四边形或者平行四边形组合成的顶部(少数是圆形、椭圆)；

2)不同图像建筑物顶部的灰度根据材质和光照的不同，没有统一灰度特征；

3)在太阳光照射下，在一景图像中，建筑物具有方向一致的阴影；

4)阴影区域灰度方差一般小于其他阴影区域，不同区域灰度具有一致性；

5)建筑物顶部有符合一定约束的角点，有的建筑物侧墙可见。

人们认识到，由于问题的难度，建筑物自动识别的难点主要表现为以下几个方面：

1)作为三维世界二维投影的平面影像，本身已经丢失了大量信息，这是建筑物提取的主要障碍之一。

2)建筑物的外形、结构以及材料千变万化，分布、大小和方向难以预测。例如，欧洲的房屋多为尖顶，美国的房屋以方形居多，而现代化城市越来越多出现的高层建筑物其形状则更为复杂多变，使得建筑物的描述和建模十分困难。

3)卫星影像获取过程中比例尺、天气条件以及摄影器材的不同导致影像的差异。例如，太低的影像分辨率不足以可靠检测物体，但太高的影像分辨率又使得图像的理解更加复杂。

4)建筑物所处外部环境也很复杂，例如其他建筑物的遮蔽和阴影的影响导致特征提取困难。

对于单个建筑物顶部，其纹理信息较少，一般比较单一(少数顶部信息复杂)。由于楼房建筑在遥感影像中具有以上特征，这就决定不能用常规方法评估军事中应用的楼房建筑的毁伤情况。其中信息的不完整性和信息的不确定性是其主要的两个特点，如何利用不完整和不确定的信息评估建筑毁伤是需要重点解决的问题，在这方面公开发表文献对此几乎没有深入的研究。

10.4　基于贝叶斯网络的楼房建筑毁伤效果评估模型

10.4.1　楼房建筑毁伤效果评估流程

(1)楼房建筑物理毁伤评估流程

物理毁伤在处理时所使用的图像都是经过辐射校正、几何校正、去噪声的图像，由于进行毁伤识别时要基于精确的地理坐标，所以要将图像和地形图进行配准。总之，所有用于进行目标识别和毁伤识别的图像都是配准好的带有地理信息的图像。这些在图像的预处理中完成。

在毁伤前的目标自动识别时，提取了目标的地理坐标属性，并存入历史数据库中，所以在毁伤后的图像上，根据特征库中的该目标属性就可自动搜索到该目标区域。这里要求前后两幅图像都要进行地形图配准，获得地理信息，从而为毁伤目标定位准备条件。对定位的目标区域进行目标检测，获得毁伤目标的范围。建筑物物理毁伤识别和评估过程和桥梁物理毁伤评估过程基本相同。图 10.5 为楼房建筑物物理毁伤评估流程图，从物理毁伤主要得到物理毁伤等级的信息。楼房建筑的物理毁伤等级划分方法参见表 10.2。

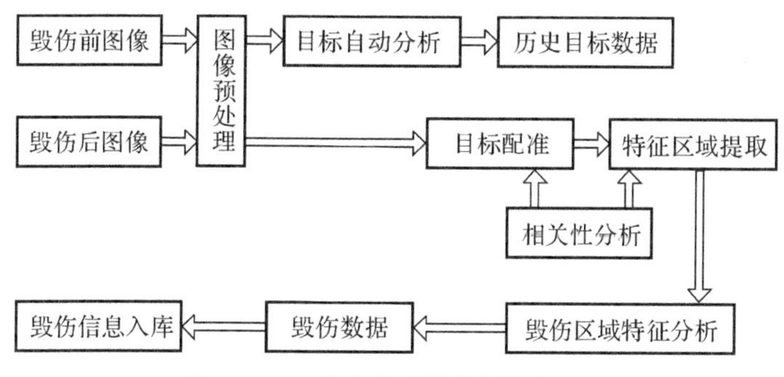

图 10.5　建筑物物理毁伤评估流程图

(2)楼房建筑功能毁伤评估流程

楼房建筑的价值体现在它承担的功能上,如通信楼。在战争中打击楼房建筑的真正目的在于削弱或者丧失其功能。楼房建筑功能评估首先必须提取根据侦察图像分析出的物理毁伤信息,并且依据一定的准则计算其物理毁伤等级。同时,提取战争前建立起来的贝叶斯网络中节点的先验概率,依据战斗部类型和毁伤评估模型进行推理,从而评估出楼房建筑的功能毁伤等级。最后,与物理毁伤融合,得出最终的毁伤评判结果。楼房建筑功能毁伤评估流程示意图如图10.6所示。

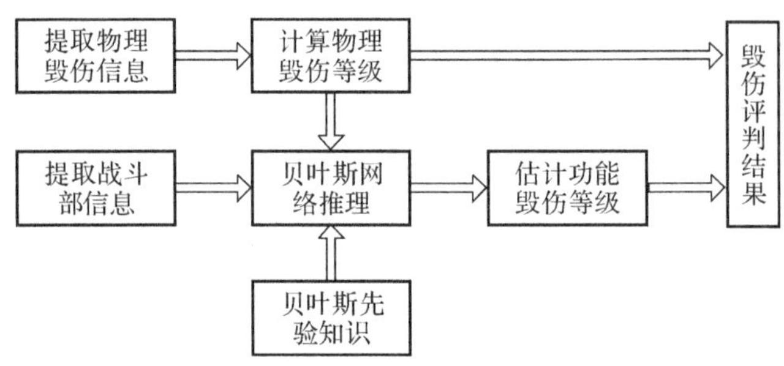

图10.6 楼房建筑功能毁伤评估流程示意图

10.4.2 贝叶斯网络理论概述

由于战场环境极端复杂,情报获取过程高度对抗,情报来源多样,目标的毁伤效果证据(初始情报、中间结论、实时情报)具有一定的不确定性和延时性。为了克服这些不良影响,本节运用贝叶斯网络对楼房建筑目标毁伤效果进行评估,从不确定性的初始证据出发,以概率的方式表达并动态地融合各种不确定性证据,在充分利用总体信息、样本信息、先验信息的基础上最终推出具有一定不确定性但却合理或近乎合理的评估结论。由于重视先验信息的收集、挖掘和加工,使其数量化,形成先验分布,因此能够有效地提高评估质量。

1. 贝叶斯网络理论基本概念

贝叶斯理论起源于英国学者贝叶斯[T. R. Bayes(1702—1761)]的一篇论文《论有关机遇问题的求解》或译作《关于概率性问题求解的评论》。在该论文中,提出了著名的贝叶斯公式和一种推理方法,随后P. C. Laplace等用贝叶斯提出的方法导出了一些有意义的结果。第二次世界大战后,A. Wald提出了统计决策函数论后引起人们对贝叶斯方法研究的兴趣。在L. J. Savage、H. Jeffreys、J. M. Bernardo、J. O. Berger、M. West、P. J. Harrison等学者的努力下,对贝叶斯方法在观点、方法和理论上不断完善。

贝叶斯理论的核心思想是，根据先验信息和样本数据的概率 $P(E)$，利用规则(LS,LN)(LS:E 的出现对 H 的支持程度；LN:E 的出现对 H 的不支持程度)把结论 H 的先验概率更新为后验概率 $P(H|E)$，不断循环，动态更新。因此，贝叶斯理论主要涉及两项内容：贝叶斯定理和贝叶斯假设。贝叶斯定理将事件的先验概率与后验概率联系起来；贝叶斯假设就是用均匀分布表示没有任何先验知识的先验分布。贝叶斯理论研究的难点是如何根据样本的数据信息和人类专家的先验知识获得对未知变量(向量)的分布及其参数的估计。其中，最受争议的主要是参数看成随机变量是否妥当，先验分布是否存在，以及如何选取。

贝叶斯理论最基本和最主要的是两个概念：贝叶斯概率和贝叶斯公式。简单地说，贝叶斯概率是观测者对某一事件发生的信任程度(一般称为主观概率，相对而言，依靠多次重复实验统计事件发生的频率称为客观概率或物理概率)，也就是利用先验知识和现有统计数据对未知事件的预测。贝叶斯公式则主要涉及以下几个概念。

(1) 条件概率

设 A、B 是两个事件，且 $P(A)>0$，称 $P(B\mid A)=\dfrac{P(AB)}{P(A)}$ 为在事件 A 发生的条件下事件 B 发生的条件概率。

(2) 联合概率

设 A、B 是两个事件，且 $P(A)>0$，它们的联合概率为

$$P(AB)=P(B\mid A)P(A) \tag{10.1}$$

(3) 全概率

设实验 E 的样本空间为 S，A 为 E 的事件，$B_1,B_2,\cdots,B_n$ 为 E 的一组事件。满足：① $\sum\limits_{i=1}^{n}B_i=S$；② $B_1,B_2,\cdots,B_n$ 互不相容；③ $P(B_i)>0$，$i=1,2,\cdots,n$，则有全概率公式

$$P(A)=\sum_{i=1}^{n}P(B_i)P(A\mid B_i) \tag{10.2}$$

(4) 贝叶斯公式

由上述内容，很容易推出贝叶斯公式：

$$P(B_i\mid A)=\frac{P(A\mid B_i)P(B)}{\sum\limits_{j=1}^{n}P(A\mid B_j)P(B_j)},\quad i=1,2,\cdots,n \tag{10.3}$$

2. 建立贝叶斯网络的基本方法

贝叶斯网络是近几十年来逐渐兴起的一种强有力的证据表达与推理工具，

不同于一般的基于知识的系统,也不同于一般的概率分析工具,它以强有力的数学工具处理不确定性知识,将评估过程看成是一种基于评估对象所含概率关系的概率推理过程,将先验知识与样本信息相结合、依赖关系与概率表示相结合,并用图形和数值有机结合的方式来表达评估证据,以简单、直观的方式解释它们,能够充分利用领域知识和样本数据的信息,比较方便地处理不完全数据,并学习变量间的因果关系。

贝叶斯网络定义:一个贝叶斯网络是一个有向无环图,由代表变量的节点、连接这些节点的有向边及条件概率构成,有向边由父节点指向子节点,用单线箭头表示。

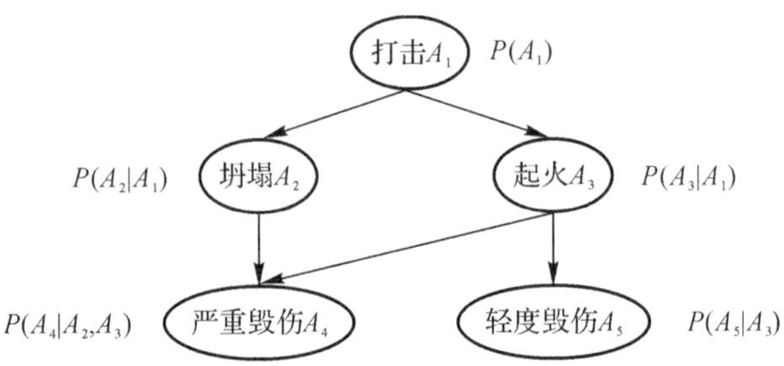

图 10.7　简单的贝叶斯网络模型

图 10.7 为一个简单的贝叶斯网络模型。它由五个节点 $A_i(i=1,2,\cdots,5)$ 和五个弧段 $L_i(i=1,2,\cdots,5)$组成,节点代表随机变量,弧段代表相连节点间的相互关系,它刻画了概率关系的强度。图中没有输入的节点 A_1 称为根节点,一段弧的起始节点称为其末节点的父节点,而后者称为前者的子节点。子节点同其父节点的相关关系用条件概率表示,根节点的条件概率称为先验概率。贝叶斯网络能够利用简明的图形方式定性地表示事件之间复杂的因果关系或概率关系,并且蕴含了条件独立性假设。在确定网络结构和给定先验信息后,就可以利用条件独立性假设和贝叶斯公式定量地表示这些关系。

运用贝叶斯网络建模,主要有以下几个基本步骤:①选择合适的网络拓扑结构。主要是确定模型变量(离散型或连续型分布),并根据变量间的因果关系,确定网络的拓扑结构,关键是要使网络拓扑结构反映所研究的问题。②为贝叶斯网络赋值。对于根节点,要确定其先验概率;对于其他节点,则要确定条件概率,该步骤是贝叶斯网络建模的关键和难点。③信息传播与推断。这一过程主要是融合各种新旧信息,改进网络结构节点和概率分布,并进行统计推断。

10.4.3　楼房建筑毁伤评估模型

(1)基于遥感信息的楼房建筑毁伤效果评估模型的建立

根据贝叶斯网络的建立方法,从以下几步建立贝叶斯网络模型。

1)确定网络中的节点(变量)。在构建的楼房建筑物目标功能毁伤效果评估贝叶斯网络中,网络节点有以下几种类型:一是问题定义节点,表示是否达到毁伤阈值,用于启动贝叶斯网络决策;二是可判断节点,表示能够根据侦察信息判断毁伤效果,属于评估决策对象;三是不可判断节点,表示当前仍然无法判断毁伤效果,属于评估决策对象;四是信息节点,表示可判断的证据信息,属于判断决策对象;五是其他节点,表示不直接参与网络的决策,不对其进行判断,它的引入只是为了简化模型。

2)确定节点的因果关系。贝叶斯网络中节点之间的因果关系主要有三种,如图 10.8 所示。在这里,因果关系的确定比较复杂,许多学者对贝叶斯结构确定方法做了大量的研究工作,这里就不一一介绍。

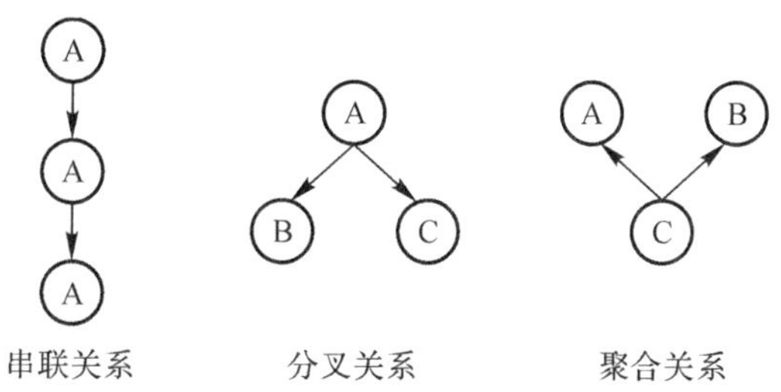

图 10.8　贝叶斯网络节点间关系

结构确定关系到贝叶斯网络的启动和推理,其结构的形式也关系到运算的复杂度。功能毁伤评估贝叶斯网络结构的确定如图 10.9 所示。

3)简化模型。简化模型的目的是降低模型的复杂度,使模型的运行速度在系统可接受范围之内。贝叶斯网络推理的结构与结果在精度可接受范围内要尽可能对模型进行简化。由于楼房建筑的毁伤评估所涉及的节点并不复杂,其因果关系也比较明朗,而且其复杂度也在系统可接受范围内,所以暂时采用以上贝叶斯网络模型。在系统运行以后,可以根据具体运行情况对楼房建筑的功能毁伤评估模型改进和简化。

(2)贝叶斯网络参数的确定

贝叶斯网络结构建立之后,要利用网络进行推理、进行毁伤效果评估就必须确定网络参数——分配根节点的先验概率和每个非根节点的条件概率分布表(CPT)。由于实际数据缺乏,这两项均暂时需要专家根据主观经验事先给出。

虽然对一个复杂的网络结构来说，很多毁伤评估的情况具有较大的不确定性，并且有些数据即使是专家也不好随意给定，凭经验给出有可能会造成比较大的偏差，但就目前的情况，为了降低概率推导的难度和加快系统原型的建立，需要假定这是一个完备的数据结构，所有的先验概率和 CPT 都能够由专家给出，这样就可以利用现成的推理工具软件（如 HuginExpert、GeNIe 以及 MSBNx 等）进行推理。在系统使用的过程当中再不断由知识工程师和领域专家进行调节，以弥补没有实际数据的不足，使系统能够达到在战场上实用的目的。

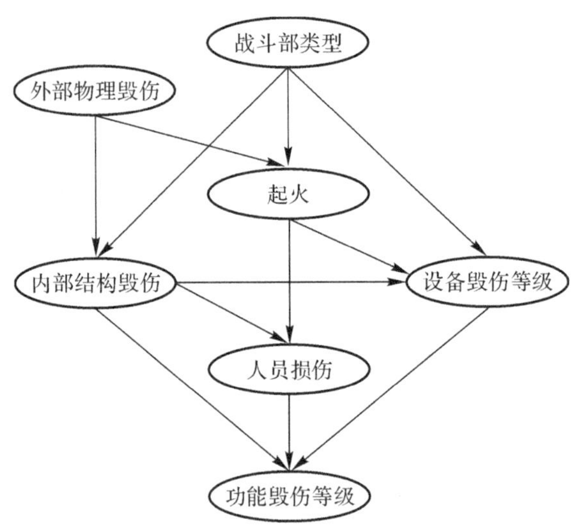

图 10.9　楼房建筑贝叶斯网络模型

1)确定每个节点的状态。在楼房毁伤评估的贝叶斯网络模型中，节点状态确定实际上是对每个节点毁伤标准的确定，因为研究贝叶斯网络中的节点就会发现：共同特点是都不是一个具体的数值来描述，而是一个定性的表述。必须把节点的状态科学地确定好，才能更好地运行贝叶斯网络推理功能。节点状态的确定在本毁伤效果评估网络中表现为某些物理毁伤标准的确定，如楼房外部物理毁伤、楼房的内部结构毁伤等级的确定。依据本模型的实际情况，建立以下节点的状态准则。

a)战斗部类型节点。对楼房建筑打击典型毁伤原理有两种：侵彻和爆炸。侵彻和爆炸的显著区别之一是：侵彻是局部破坏，爆炸是整体破坏。不失一般性，这里选取两种典型战斗部类型——整体式杀伤爆破弹、侵彻爆破引燃多功能战斗部，进行楼房建筑的功能毁伤评估研究。这样选择有利于说明两种毁伤原理下建筑物的功能毁伤区别。这个节点的特点是只要楼房建筑受到打击，就可以得到节点的准确状态。

b)楼房建筑物理毁伤节点。由于楼房建筑的物理毁伤评估必须依靠遥感信息,而前面已经研究,遥感信息对楼房建筑描述是不全面和不精确的,所以只能够根据建筑物在图像中表现的外部毁伤特征确定(见表 10.2)。

表 10.2　物理毁伤节点状态及评估准则

评估等级	评估准则(依据卫星影像)	评估准则量化	可能造成的毁伤特征
摧毁(A)	a)建筑物外部表现为框架全部坍塌或者大面积破坏,极少数未倒塌; b)图像分析显示毁伤区域匹配 P 大于 80%; c)楼房建筑以月为单位不可能修复	$P>80\%$	楼房结构整体坍塌:建筑物遭受数枚导弹的袭击,且均击中要害部位。主体结构完全坍塌,可能同时引起大火,建筑物报废
重度毁伤(B)	a)建筑物外部表现大面积破坏,少数未倒塌; b)图像分析显示毁伤区域匹配 P 介于 60%~80%之间; c)楼房建筑以月为单位不可能修复	$60\%<P\leqslant 80\%$	楼房结构局部坍塌:建筑物遭受导弹的袭击,爆炸冲击波冲击建筑物的主要承载结构单元并使之失效,可能同时引起大火,导致楼房结构局部坍塌
中度毁伤(C)	a)建筑物外部表现较大面积破坏,少数倒塌; b)图像分析显示毁伤区域匹配 P 介于 30%~60%之间; c)楼房建筑以周为单位不可能修复	$30\%<P\leqslant 60\%$	楼房结构局部坍塌:建筑物遭受导弹的袭击,爆炸冲击波未冲击建筑物的主要承载结构单元,可能同时引起大火,导致楼房结构局部坍塌
轻度毁伤(D)	a)建筑物外部表现大面积未破坏,未有倒塌; b)图像分析显示毁伤区域匹配 P 介于 0~30%之间; c)楼房建筑以小时为单位可以修复	$0<P\leqslant 30\%$	楼房结构局部受损:建筑物遭受导弹的袭击,爆炸冲击波冲击建筑物的墙、楼板等结构单元,但是并未冲击建筑物的主要承载单元,可能导致楼房结构部分变形

c)内部结构毁伤。由前一节分析知道,多、高层建筑的结构体系虽然多种多样,但一栋建筑无论采用什么样的结构体系,它都是由受力结构和非受力结构组

成。受力结构包括梁、板、柱和剪力墙。非受力结构包括填充墙、门、窗、玻璃幕墙等。战斗部对建筑物的攻击实质就是上述受力和非受力构件的攻击。实际战争中，由于获得情报渠道有限(只能是遥感信息)，不可能及时深入楼房建筑内部评估被攻击目标的实际结构损伤情况。但是，结构损伤不仅是楼房建筑物理毁伤的根本原因，更是楼房建筑功能毁伤评估的重要依据，所以必须得到其毁伤情况。为解决这个问题，就必须获得被打击楼房建筑在被不同的导弹打击后楼房结构的损伤情况的先验概率。现实中，如果对每一个受力结构和非受力结构都进行评估，虽然能部分提高毁伤评估的精度，但是却很大地提高了模型结构的复杂度和计算的复杂度。这里考虑在获得先验知识的时候认为可以对机构损伤进行整体评估，获得楼房建筑内部结构的整体结构损伤等级代替单一结构的毁伤评估等级(见表 10.3)。

表 10.3　结构毁伤节点状态及评估准则

评估等级	评估准则	评估准则量化
摧毁(A)	受力结构(梁、柱、剪力墙)遭到毁灭性破坏：梁部大部分坍塌，柱大部分断裂，剪力墙严重开裂；非受力结构(填充墙、门、窗、玻璃)基本被摧毁	$P>80\%$
重度毁伤(B)	受力结构(梁、柱、剪力墙)遭到严重破坏：梁部部分坍塌，柱部分断裂，剪力墙部分开裂；非受力结构(填充墙、门、窗、玻璃)大部分被摧毁	$60\%<P\leqslant 80\%$
中度毁伤(C)	受力结构(梁、柱、剪力墙)少部分破坏：梁部少部分坍塌，柱少部分断裂，剪力墙少部分开裂；非受力结构(填充墙、门、窗、玻璃)受到部分破坏	$30\%<P\leqslant 60\%$
轻度毁伤(D)	受力结构(梁、柱、剪力墙)没有受到破坏；非受力结构(填充墙、门、窗、玻璃)只有极少数被震破	$0<P\leqslant 30\%$

d)设备毁伤等级。楼房建筑的功能体现在其承担的任务，而不是作为一个实体。现代战争打击楼房建筑的目的在于削弱其承担的功能，而其功能具体体现在楼房建筑里安装的设备上。同样，对其设备损伤情况也不可能及时侦察得出来，只有进行估计(见表 10.4)。设备这个概念涉及面也比较广，首先必须侦察到楼房建筑承担的功能。

表 10.4　设备毁伤节点状态及评估准则

评估等级	评估准则	评估准则量化
摧毁(A)	建筑物内关键设备被彻底摧毁，辅助设备基本瘫痪，80%以上的关键设备只可替换不可修复	$P>80\%$
重度毁伤(B)	建筑物内承担功能的关键设备大部分被摧毁，60%以上不可修复，辅助设备基本瘫痪，以天为单位可以修复或替换	$60\%<P\leqslant 80\%$
中度毁伤(C)	建筑物内承担功能的关键设备少部分受损，30%以上不可修复，辅助设备轻度受损，以小时为单位可以修复或者替换	$30\%<P\leqslant 60\%$
轻度毁伤(D)	建筑物内承担功能的关键设备极少部分受损，辅助设备基本完好，以分钟为单位可以修复或替换	$0<P\leqslant 30\%$

e)起火。导弹战斗部打击楼房建筑时伴随着侵彻和爆炸，也可能引起火焰。这对整栋楼房建筑的功能毁伤也有很大的影响，见表 10.5。

表 10.5　火节点状态及评估准则

评估等级	评估准则	评估准则量化
全部大火	建筑物内燃烧面积超过 80%	$P>80\%$
大部分起火	建筑物内燃烧面积占总面积的 30%～80%	$30\%<P\leqslant 80\%$
小部分起火	建筑物内燃烧面积占总面积的 0～30%	$0<P\leqslant 30\%$
完好	建筑物内无任何部位着火	0

f)人员损伤。人员损伤情况不仅与物理毁伤有关，而且还和导弹打击的时机有关。这个节点对楼房建筑的功能评估也有一定的影响，而人员损伤先验概率获得的主要是专家知识。

g)功能毁伤等级。功能毁伤等级评估是评估的重点(见表 10.6)。

表 10.6　功能毁伤节点状态及评估准则

评估等级	评估准则	评估准则量化
摧毁(A)	目标结构遭到彻底破坏，功能完全丧失	$P>80\%$
重度毁伤(B)	目标的功能丧失了 60%～80%	$60\%<P\leqslant 80\%$
中度毁伤(C)	目标的功能丧失 30%～60%	$30\%<P\leqslant 60\%$

续表

评估等级	评估准则	评估准则量化
轻度毁伤(D)	功能丧失30%以下	$0<P\leqslant 30\%$

2)确定节点概率参数。贝叶斯网络结构建立之后,要利用网络进行楼房建筑毁伤评估就必须确定网络参数——分配根节点的先验概率和每个非根节点的条件概率分布表(CPT)。获得此类参数的方法主要有实验法、计算机仿真法和专家判定法。

下面给出的是内部结构损伤节点的先验概率表(见表10.7)。事实上,其他个个节点的先验概率表的形式与此表完全一致。这里列出的表仅仅是说明表的构建方法,数据也是专家讨论给出,并不是实际战场的毁伤数据。前面已经讨论在实际战场数据与实弹实验数据缺乏的情况下,计算机仿真能够给出对实验数据置信度比较高的仿真数据。所以专家系统的数据应该以仿真数据为主,在系统运行过程中根据运行结果不断修正。

表10.7 内部结构毁伤节点CPT

战斗部类型	外部物理毁伤							
	整体式杀伤爆破弹				侵彻爆破引燃多功能战斗部			
内部结构毁伤	摧毁	严重毁伤	中度毁伤	轻度毁伤	摧毁	严重毁伤	中度毁伤	轻度毁伤
严重毁伤	0.95	0.7	0.1	0	1	0.95	0.5	0.2
中度毁伤	0.05	0.2	0.3	0.1	0	0.05	0.4	0.5
轻度毁伤	0	0.1	0.7	0.5	0	0	0.1	0.2
完好	0	0	0	0.4	0	0	0	0.1

10.5 楼房建筑毁伤评估模型应用实例

为了说明模型的应用方法,这里运用贝叶斯网络推理软件MSBNx对模型进行推理。需要说明的是,导弹打击效果评估系统中应该集成网络推理功能才能够实现打击效果自动评估。具体评估过程如下。

(1)配准毁伤前、后两幅图像,提取毁伤建筑物

由于不能得到真实的建筑物毁伤图,所以通过对图10.10(a)做适当的变化获取毁伤仿真[见图10.10(b)],而图10.10(c)则是提取毁伤建筑物前、后屋顶

对照图。

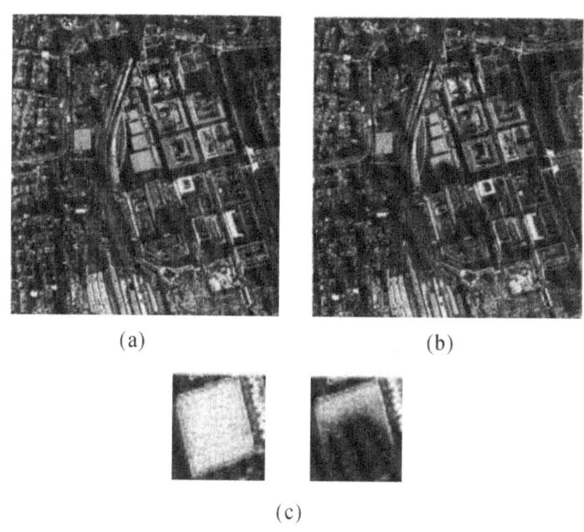

图 10.10　变化前、后的建筑物群图

(a)变化前；(b)变化后；(c)建筑物毁伤前、后屋顶对照

(2)计算毁伤参数

基于实际应用需要，这里给出的是楼房建筑打击前、后部分参数的对比，建筑依据不同的特征提取的参数有所区别，为进行毁伤效果评估，需要在相关研究的基础上，选取图像清晰度、图像细节能量、图像边缘能量等纹理特征和屋顶面积为毁伤参数。表 10.8 列出了毁伤参数对照，为图 10.10(c)中屋顶特征毁伤前、后的对比。

表 10.8　楼房毁伤前、后参数对照

毁伤参数	毁伤前	毁伤后
图像清晰度	182.45	150.55
图像细节能量	1 025.13	849.77
图像边缘能量	1 503.34	1 306.96
屋顶面积	2 392	640

(3)确定物理毁伤等级

物理毁伤等级确定方法是由计算的屋顶毁伤比例确定。

计算屋顶毁伤比例为

$$P=(2\ 392-640)/2\ 392=0.73 \tag{10.4}$$

屋顶毁伤比例为0.73，根据评估准则可以确定楼房建筑的物理毁伤等级为B级——重度毁伤。也可以根据其他纹理特征确定物理毁伤结果，这里不重点讨论。

(4)功能毁伤评估推理

1)建立毁伤评估模型：MSBNx是微软公司开发的贝叶斯网络推理工具，它能够支持贝叶斯网络模型的建立、推理及评估整个过程。根据10.4.3节建立的模型如图10.11所示。

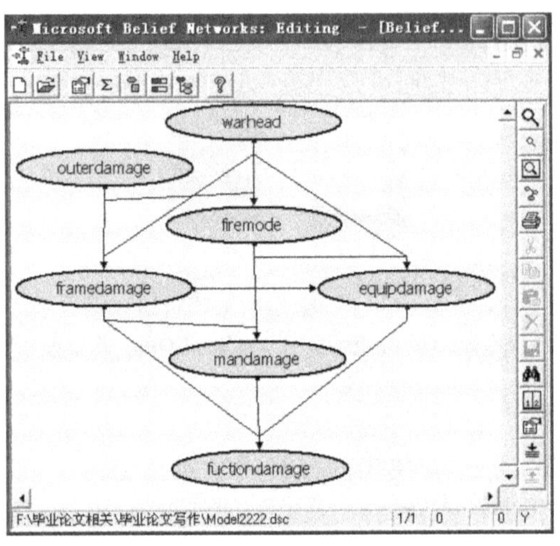

图10.11 贝叶斯网络毁伤评估模型

建立好贝叶斯网络模型后要确立贝叶斯节点参数，贝叶斯节点参数的确定按照10.4.3节进行确定。由于此软件不支持中文显示，所以要把楼房建筑的节点简单地翻译成英语，表10.9是节点中英文对照表。

表10.9 节点的中英文对照

战斗部 warhead	整体式杀伤爆破弹 blast；侵彻爆破引燃多功能战斗部 invade
外部物理毁伤 outer damage	摧毁A；重度毁伤B；中度毁伤C；轻度毁伤D
结构损伤 structural damage	重度毁伤A；中度毁伤B；轻度毁伤C；完好D
设备损伤 equipment damage	重度毁伤A；中度毁伤B；轻度毁伤C；完好D
人员损伤 human damage	重度毁伤A；中度毁伤B；轻度毁伤C；完好D
功能毁伤 function damage	摧毁A；重度毁伤B；中度毁伤C；轻度毁伤D
起火 fire mode	全部起火A；大部分起火B；少部分起火C；无火D

2)确定节点状态:各个节点的表示方法均使用 A、B、C、D 级的表示方法,具体表示参考 10.4.3 节建立。图 10.12 是结构损伤节点的状态表示法,其他节点表示方法相同。

Properties　(Model: Model2222,　No...

Node　Model　Property Types

Attribute	Value
Name	framedamage
Description	framedamage
States	**Name**
State(0)	A
State(1)	B
State(2)	C
State(3)	D

图 10.12　节点状态表示

3)确定节点 CPT:建立贝叶斯网络模型最重要的是确立各个节点的 CPT,如前文所述,为了说明模型的实用性,这里采用专家评判法给出各个节点的先验概率,在实际应用中,这些参数也是通过实验取得或者专家给出。由于有七个节点,限于篇幅,这里只给出结构毁伤节点的 CPT,如图 10.13 所示,其他节点略去。

Assessment　(Model: Model2222,　Node: framedam...

Parent Node(s)		framedamage			
outerdamage	warhead	A	B	C	D
A	blast	0.454	0.26	0.23284	0.05316
	invade	0.563	0.277	0.12673	0.03327
B	blast	0.202	0.512	0.201	0.08499
	invade	0.328	0.327	0.21181	0.13319
C	blast	0.118	0.386	0.33777	0.15823
	invade	0.244	0.159	0.33821	0.25879
D	blast	0.0	0.252	0.30632	0.44168
	invade	0.134	0.127	0.22745	0.51155

图 10.13　结构毁伤节点 CPT

4)获取评估结果:贝叶斯网络参数确立好之后,就可以运用软件计算出各个节点的毁伤等级状态,如图 10.14 所示。

图 10.14 显示了各个节点的不同毁伤级别的状态值(概率),图中显示战斗部为侵彻爆破引燃多功能战斗部,外部物理毁伤评估结果毁伤等级为 B 级时,推理出的功能毁伤等级概率值为(保留小数点两位):

A 级:0.326 7(0.33)　　B 级:0.249 9(0.25)

C 级:0.214 1(0.21)　　D 级:0.209 3(0.21)

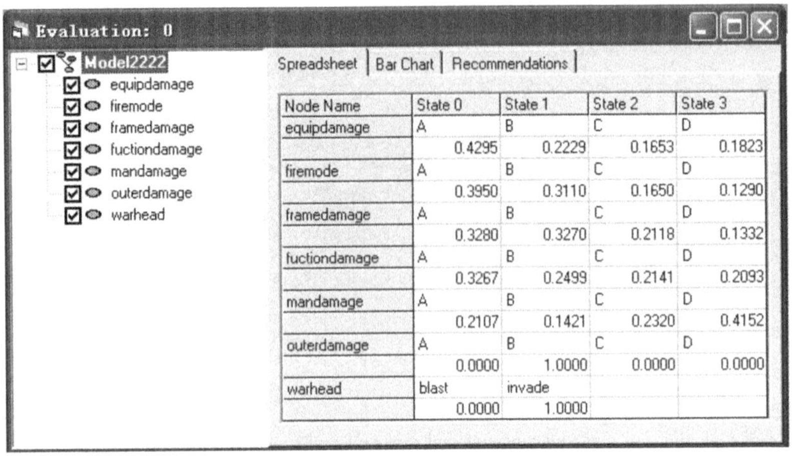

Evaluation: 0

Model2222
equipdamage
firemode
framedamage
fuctiondamage
mandamage
outerdamage
warhead

Spreadsheet | Bar Chart | Recommendations

Node Name	State 0	State 1	State 2	State 3
equipdamage	A	B	C	D
	0.4295	0.2229	0.1653	0.1823
firemode	A	B	C	D
	0.3950	0.3110	0.1650	0.1290
framedamage	A	B	C	D
	0.3280	0.3270	0.2118	0.1332
fuctiondamage	A	B	C	D
	0.3267	0.2499	0.2141	0.2093
mandamage	A	B	C	D
	0.2107	0.1421	0.2320	0.4152
outerdamage	A	B	C	D
	0.0000	1.0000	0.0000	0.0000
warhead	blast	invade		
	0.0000	1.0000		

图 10.14 毁伤评估结果

(5)结果分析:贝叶斯网络评估的结果是以各个状态发生的概率的形式呈现,而且在大多数情况下相邻等级的两个状态发生的概率相差不大,为了操作方便有必要对结果进行适当的分析处理。在此尝试使用最大概率法对结果进行分析。

由于结果表现为概率形式,一般可以用毁伤等级发生概率最大的等级作为最后的功能毁伤等级,即

$$X_L = \max(P(A),\cdots,P(L),\cdots,P(D)), \quad L = A,B,C,D \tag{10.5}$$

则 L 为评估毁伤等级。以上结果显示为

$$X_L = \max(P(A),\cdots,P(L),\cdots,P(D)) = P(A) \tag{10.6}$$

$$L = A$$

所以功能毁伤等级为 A 级,也就是目标被摧毁。此外,还可以用加权法进行毁伤结果评定,不再赘述。

10.6 本章小结

本章对楼房建筑毁伤效果评估进行研究。①分析了楼房建筑在遥感信息中的表现特征。②分析楼房建筑的结构,对各种不同的结构都进行了简单的分解,分析表明楼房建筑结构上可以简单地划分为受力结构和非受力结构,以此为基础研究了楼房建筑毁伤的物理特性,定性地分析楼房建筑的毁伤模式。③基于楼房建筑遥感信息的特征,应用贝叶斯网络建立楼房建筑功能毁伤等级的评估

模型。由贝叶斯网络的特点可知，在应用其进行毁伤评估过程中不仅得到了功能毁伤节点各个毁伤等级发生的概率，而且能够获得中间节点发生的概率，这些节点概率的取得对指挥员从整体上把握楼房建筑毁伤情况具有重要的参考价值。④给出了一个基于贝叶斯网络的楼房建筑毁伤效果评估方法的应用实例。

第 11 章　基于遥感信息的机场目标毁伤效果评估

11.1 引　　言

本章对基于遥感图像毁伤信息的机场目标毁伤效果评估方法进行研究。从本质上看，机场目标的毁伤效果评估就是对机场目标的毁伤检测及毁伤程度的分析评判。基于遥感图像毁伤信息的机场目标的毁伤检测主要有两种方法：一种是区域的变化检测；另一种是基于打击后目标图像的弹坑检测。区域变化检测是指给定同一地区的多个时相的单波段或多波段遥感图像，采用图像处理的方法，检测出该地区的地物有无变化，并对变化做出定性或定量的分析。基于打击后机场目标毁伤图像的弹坑检测主要是通过分析弹坑的灰度、形状、大小等特征，建立弹坑模型，然后利用图像处理、模式识别等方法将打击后机场图像中的弹坑识别出来。本章首先介绍基于打击后机场目标毁伤图像的弹坑检测方法，同时给出实验结果，然后给出机场目标毁伤程度的分析评判方法，并通过实例说明方法的应用过程。

11.2 基于单幅打击后目标图像的弹坑检测

基于打击后目标毁伤图像的弹坑检测是一项比较先进的技术，目前还未见到相关公开的参考文献。开展这项研究至少需要下面几个条件：①不同种类的弹头打击在不同的地表上产生的弹坑会有较大的差异，所以首先需要能获得每种弹头在不同的典型地表产生的弹坑的清晰图像来分析弹坑的特征，一般只有新型导弹的打击效果实验可以得到这些图像。②真实的战场毁伤图像用来检测算法的可靠性。

由于无法获得上面两个条件，目前只能从公开的文献中收集了一些清晰的毁伤后航拍图像做一些初步的研究，如图 11.1 所示。这时候一个弹坑占几十个或上百个像素，可以很清楚地观察到弹坑的灰度、形状、大小等特征。然后，对这些特征进行提取和选择，得到能够反映实际弹坑共同特征的抽象表示。最后，建立判断规则，将弹坑识别出来。

从图 11.1 中可以看出弹坑分为单个弹坑和成片弹坑两类。这两类弹坑的差别较大，故将其作为两类目标分别考虑。

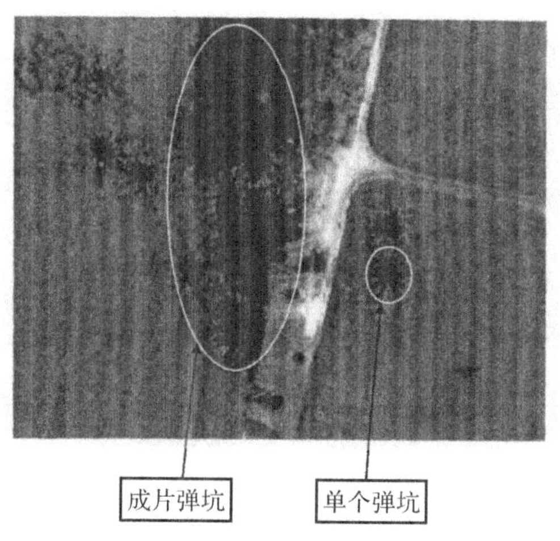

图 11.1　航拍毁伤图像

11.2.1　单个弹坑的识别

1. 单个弹坑模板与分析

从清晰的航片图像中收集到机场打击后的单个弹坑样本，共 23 幅，如图 11.2 所示。

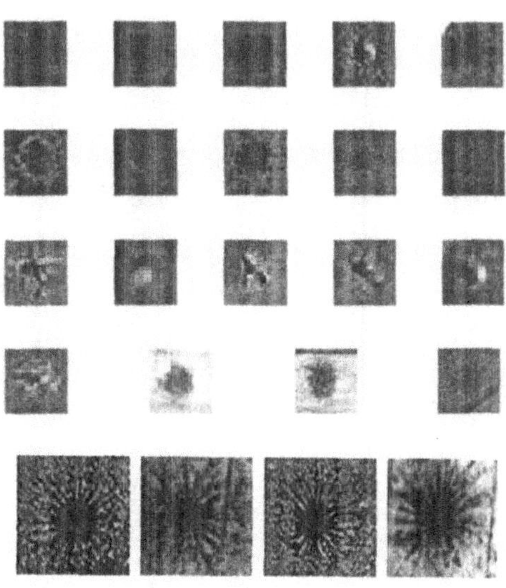

图 11.2　弹坑模板

分析以上单个弹坑样本可以看出，弹坑在灰度分布、形状、大小等方面具有相似性和差异性。当射弹打到机场跑道、公路等较坚硬的地表时，弹坑的深度较浅，在图像灰度上表现得较亮，弹坑半径较小；当射弹打到泥地、草地等较松软的地表时，弹坑的深度较深，在图像灰度上表现得较暗，弹坑半径较大，而且弹坑呈发散状。另外，成像环境也会影响弹坑的整体灰度，射弹的爆炸方式等都会影响到弹坑的特征。

从弹坑样本中抽取出如下几点共同特征：

1）以弹坑中心为圆心，等半径的圆环区域内灰度、纹理具有相似性；

2）在弹坑中心的径向上，灰度有一个渐变过程；

3）弹坑深度（弹坑中心灰度）与弹坑半径有正比关系。

弹坑识别算法主要是基于以上三点考虑，推导出弹坑识别模型，再构造弹坑代价函数，依据代价函数值的大小来进行弹坑识别。

下面给出弹坑识别模型和弹坑代价函数的定义：

定义 11.1：一种能够反映实际弹坑共同特征的抽象表示，称为弹坑识别模型。

定义 11.2：将当前像素作为弹坑中心时，综合考虑各个相关因素及它们之间的关系后得到的关系表达式，称为弹坑代价函数。

2. 弹坑识别算法

1）读入图像；

2）对图像中的每个像素，判断是否灰度小于某一阈值 T（取图像均值减去整体方差）。如果小于 T，那么做如下处理。

a）求弹坑半径：

$$r = a + \{\alpha \cdot [T - I(x,y)]\} \tag{11.1}$$

式中：a 为常数，表示弹坑的最小半径，依据所收集到样本，取 5 比较合适；α 为参数，调节弹坑深度与弹坑半径的比例关系，这里取为 0.2，表示弹坑中心灰度在阈值 T 上每减小五个等级，弹坑半径增加一个像素单位；$I(x,y)$ 表示图像中(x,y) 处的灰度；$[\cdot]$ 表示取整，即弹坑半径为正整数。

b）在以点(x,y) 为中心，半径为 r 的小块区域 I_2 内求当前点为弹坑中心的代价函数值大小 δ。δ 越小，表示把当前点作为弹坑中心所需的代价越小，即它为弹坑的可能性越大。

首先得到弹坑模型矩阵：

$$\boldsymbol{C} = \begin{bmatrix} (1,0) & (1,1) & (0,1) & (-1,1) & (-1,0) & (-1,-1) & (0,-1) & (1,-1) \\ (2,0) & (2,2) & (0,2) & (-2,2) & (-2,0) & (-2,-2) & (0,-2) & (2,-1) \\ \vdots & \vdots & \vdots & \vdots & \vdots & \vdots & \vdots & \vdots \\ (r,0) & (r,r) & (0,r) & (-r,r) & (-r,0) & (-r,-r) & (0,-r) & (r,-r) \end{bmatrix}_{r\times 8}$$

式中:$\boldsymbol{C}$ 中元素 (i,j) 表示 $I_2(x+i,y+j)$,$i,\ j=-r,-r+1,\cdots,r-1,r$。对弹坑模型矩阵 $\boldsymbol{C}$ 的分析:$\boldsymbol{C}$ 的每一行八个分量为等半径、等间隔弹坑圆环上的八个像素;$\boldsymbol{C}$ 的每一列 r 个分量为同一径向上等间距的 r 个像素。在此弹坑模型矩阵 $\boldsymbol{C}$ 上可以比较方便地分析弹坑特性,如等半径的圆环区域内灰度、纹理具有相似性,灰度的渐变过程,等等。

其次求等半径像素点的方差,即 $\boldsymbol{C}$ 中每一行的方差:

$$\left.\begin{aligned} V(i) &= \frac{1}{8}\sum_{j=1}^{8}(C_{ij}-\overline{C_i}) \\ \overline{C_i} &= \sum_{k=1}^{8}C_{ik}, \quad i=1,2,\cdots,r \end{aligned}\right\} \tag{11.2}$$

式中:C_{ij} 表示 $\boldsymbol{C}$ 中第 i 行第 j 列的分量;$\overline{C}_i$ 表示 $\boldsymbol{C}$ 中第 i 行的灰度均值;$V(i)$ 表示 $\boldsymbol{C}$ 中第 i 行的方差,即等半径八个像素间方差。

灰度渐变过程通过下述方式表达。

令向量

$$\boldsymbol{S}=[s_1 \quad s_2 \quad \cdots \quad s_r]^{\mathrm{T}} \tag{11.3}$$

式中

$$s_i=\sum_{j=1}^{8}C_{ij}, \quad i=1,2,\cdots,r \tag{11.4}$$

表示对 $\boldsymbol{C}$ 的每一行求和,得到相同半径上的 8 个像素灰度和,共 r 个值,下面求这 r 个值之间的灰度变化趋势。

$$d=\left|\sum_{i=2}^{r}(S_i-S_{i-1})\right| \tag{11.5}$$

表示相邻等半径像素灰度和之间变化总和的绝对值。d 值越大,表示灰度沿径向有较大变化;d 值越小,表示灰度沿径向变化较小,或变化没有一定的方向性。

$\boldsymbol{C}$ 中各行方差的总和为

$$u=\sum_{i=1}^{r}V_i \tag{11.6}$$

$\boldsymbol{C}$ 中所有像素灰度均值为

$$m=\mathrm{mean}(\boldsymbol{C}) \tag{11.7}$$

依据以上各个因素的分析,可以得到如下的弹坑代价函数:

$$\delta=\frac{\beta \cdot u}{d^2 \cdot r^2 \cdot m} \tag{11.8}$$

式中:β 为常量(这里取 1 000)。

弹坑代价函数主要由以下因素构成:等半径像素间的灰度方差 u,相邻等半径像素灰度和之间的变化总和 d，弹坑半径 r，弹坑灰度均值 m。β 为常量，用于调节 δ 的取值范围。

c) 将代价函数值和对应的坐标位置分别存入向量 $\boldsymbol{C}_t$、$\boldsymbol{S}_t$ 中。

3) 将 $\boldsymbol{C}_t$ 中代价函数值较小的值（在这里取小于 $8\min\boldsymbol{C}_t$，$\min\boldsymbol{C}_t$ 为 $\boldsymbol{C}_t$ 中的最小值）所对应的 $\boldsymbol{S}_t$ 中的坐标位置作为可能的弹坑位置。

3. 单个弹坑的识别结果

在图 11.3 的识别结果中，识别出的弹坑以白色显示出来。从表 11.1 中可以看出这种方法是具有比较好的识别结果的，但是对于不呈发散状的弹坑可能会产生一定的漏识，对于一些形状特殊灌木丛可能会产生误识。进一步解决漏识和误识是下一步的主要工作，这需要获取更多的弹坑图像，从而完善所构造的弹坑识别模型。

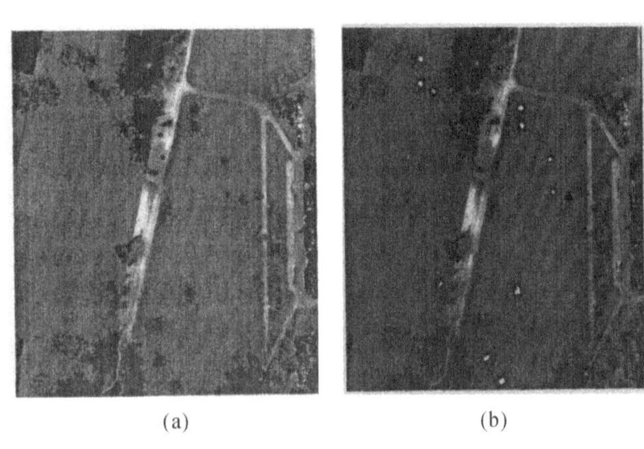

(a) (b)

图 11.3 识别结果

(a)原始图像； (b)识别结果

表 11.1 单个弹坑识别结果统计

实验	目视目标数	正确识别目标数	漏识目标数	误识目标数
实验 1	11	9	2	0
实验 2	19	16	3	1
实验 3	10	7	3	0
实验 4	9	9	0	4
实验 5	14	12	2	4

11.2.2　成片弹坑的识别

1. 成片弹坑分析

图 11.4 为两幅有成片弹坑区域的真实图像。从图 11.4 中的成片弹坑和伪成片弹坑的比较中，可以看出：成片弹坑是由孤立弹坑密集分布而成，所以成片弹坑区域的中心灰度在整幅图像上表现得较低，而且是一片连续的较为紧凑的区域；而一些森林等其他伪成片弹坑区域，虽然它们也是一片连续的低灰度区域，但它们是一片较稀疏的区域，即它们对应的连续低灰度区域中含有很多空洞。同时，成片弹坑与孤立弹坑既有相似之处，又有区别：相同的是它们的边缘都有一个灰度渐变的过程，不同的是成片弹坑的面积较孤立弹坑大得多，且形状极不规则。一般成片弹坑的周围存在孤立弹坑。根据成片弹坑的边缘灰度渐变过程可以区别一些人造物体造成的伪弹坑区域，如人工河流、高楼及它们的阴影等。一般人造物体的边缘比较光滑，灰度有一个跃变。

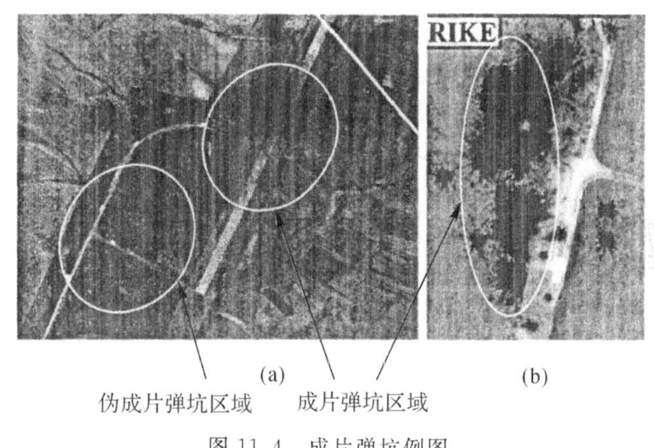

图 11.4　成片弹坑例图

依据以上分析，抽取出成片弹坑的如下几个共同特征：

1)中心区域的灰度较低；

2)区域面积较大；

3)区域中心的低灰度区域紧凑；

4)边缘粗糙，存在渐变过程；

5)周围存在孤立弹坑。

下面的成片弹坑识别算法利用了上面的五个共同特征。

2. 成片弹坑识别算法

1) 读入图像 I，如图 11.5(a) 所示。

2）利用整体阈值方法 Ostu 算法得到整体阈值 T，求得图像 I 的标准方差：

$$s=\left[\frac{1}{mn-1}\sum_{i=1}^{m}\sum_{j=1}^{n}(I_{ij}-\bar{I})^{2}\right]^{1/2} \tag{11.9}$$

式中：$\bar{I}=\frac{1}{mn}\sum_{i=1}^{m}\sum_{j=1}^{n}I_{ij}$，；$m$、$n$ 分别为图像 I 的长和宽。再利用低阈值 $T-1.4s$ 二值化图像 I，得到图像 bI［见图 11.5(b)］。

3）在二值化图像 bI 中求像素点个数大于某一阈值（1 000）的连通黑色区域［见图 11.5(c)～(e)］，然后对这些大片黑色区域依据区域中的空洞数目进一步判断它是否为成片弹坑区域，即将空洞数目大于某一阈值（如 30）的连通域去除。

4）对那些可能的成片弹坑区域［对应于图 11.5(c)］进一步依据区域边缘特性判断。利用高阈值 $T-0.8s$ 二值化图像 I，得到图像 $bI2$［见图 11.5(f)］。

5）分别从可能的成片弹坑中取一个种子点在图像 $bI2$ 中做种子填充，得到此区域的扩充区域，如图 11.5(g) 为图 11.5(c) 的扩充区域。

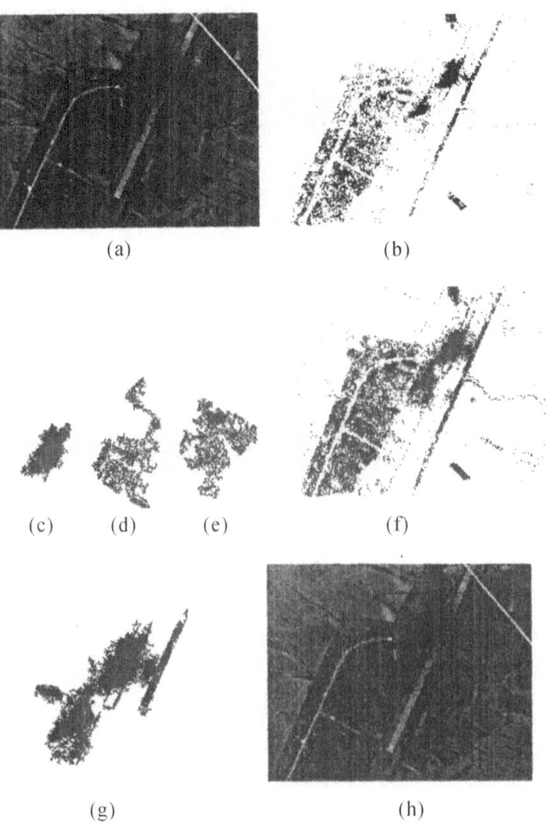

图 11.5　成片弹坑识别过程示意图

6)评价可能的成片弹坑区域与它的扩充区域的边缘线的相似性。评价方法:假定 P 为可能的成片弹坑区域边缘线[如图 11.5(c)所示的边缘线],H 为扩充区域的边缘线[见图 11.5(g)],然后求解 H 上的每个点到 P 的最短距离

$$d[i]=d_{\min}(h_i-p),\quad i=1,2,\cdots,n_h \tag{11.10}$$

7) 其中 n_p 为 P 上点的个数,n_h 为 H 上点的个数。统计 $d[\,]$ 中的值在区间 $[a,b]$ 的点的个数 n_d,这里取 $a=4,b=9$。最后求解 d 中的值在区间 $[a,b]$ 的点数 n_d 与 P 上点的个数 n_p 的比值,有

$$r=\frac{n_d}{n_p} \tag{11.11}$$

依据比值 r 最后判断可能的成片弹坑区域是否为真实的成片弹坑区域,即如果 r 大于某一阈值(这里取 0.3),就认为它为真实的成片弹坑区域,然后将此区域用矩形框标记[见图 11.5(h)]。

3. 成片弹坑的识别结果

从图 11.6 的实验结果可以看出这种解决方案具有一定的可行性,但是由于实验数据还不够充分,所以还应该再多获取一些真实的弹坑图像,然后再对算法做进一步有针对性的改进。

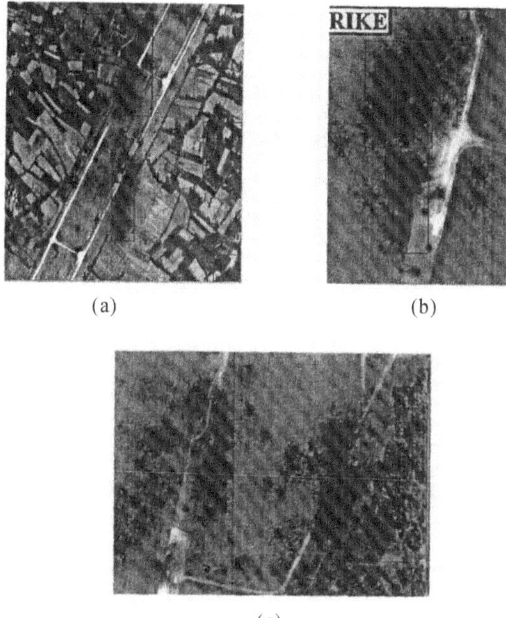

(a)　(b)　(c)

图 11.6　成片弹坑识别结果

11.3 基于模糊理论的机场目标毁伤程度的综合评判

本节在11.2节弹坑检测与识别方法的基础上，立足机场这一特定目标，进行毁伤效果评估（Battle Damage Assessment，BDA）研究。对机场目标毁伤程度的评估，使指挥员感知敌方机场封锁情况，进而帮助指挥员做出合理决策，优化火力配置。机场目标通常包括飞行场地、指挥塔、着陆导航设备，以及两厂（修理厂、定检厂）、三库（油库、弹药库、航材库）、四站（制氧站、充氧站、充电站、冷气站）等设施。它关乎着交战双方的制空权，往往会被当作重要军事目标而遭到打击。在此将机场各组成部分作为一个整体对其进行系统毁伤评估。

11.3.1 机场目标毁伤程度的评估方法

1. 评估流程

机场目标作为一个综合体，按功能可将其划分为供飞机起降和停放用的设施、供指挥和引导用的设施、战勤保障设施等三个部分。飞机遂行一切任务都离不开这些设施的保障，机场功能设施的破坏将对飞行任务造成不同程度的影响。此外，选取跑道、停机坪、指挥塔、油库等四个功能性强且易受攻击的子目标建立评估模型，对机场目标进行毁伤效果评估。

评估所依据的数据是机场打击前后的光学遥感影像。因此，评估的基本流程是：首先，将机场打击前后的遥感影像进行精确配准；其次，从影像上提取出机场的各个子目标，并采用基于像素级变化检测的方法对图像二值化；最后，建立评估模型，得出目标毁伤评估结果。评估流程如图11.7所示。

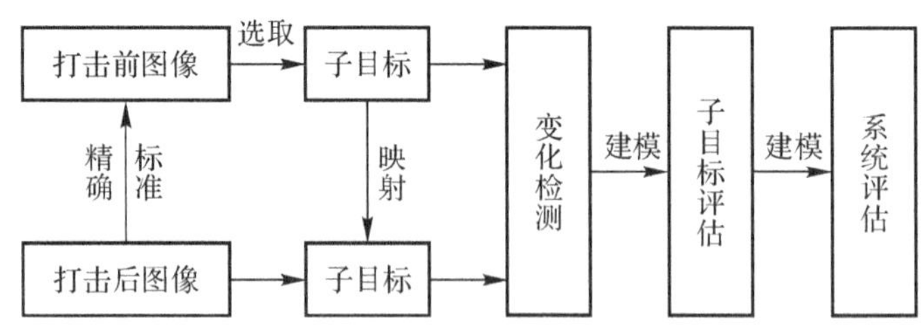

图11.7 机场打击效果评估流程

2. 评估指标体系

如前文所述，将机场的四个子目标，即跑道、停机坪、指挥塔、油库的毁伤情况作为评估机场毁伤效果的一级评估指标。

由于破坏机场跑道是封锁机场最有效、最直接的途径，因此跑道通常是最易和最先受到攻击的目标。考虑到跑道的重要性，将一级指标“跑道毁伤”进一步细化为四个从不同侧面反映跑道毁伤情况的二级指标：跑道封锁程度、跑道修复难度、道面毁伤程度和弹坑分散程度。由此建立如图 11.8 所示的机场打击效果评价指标体系。

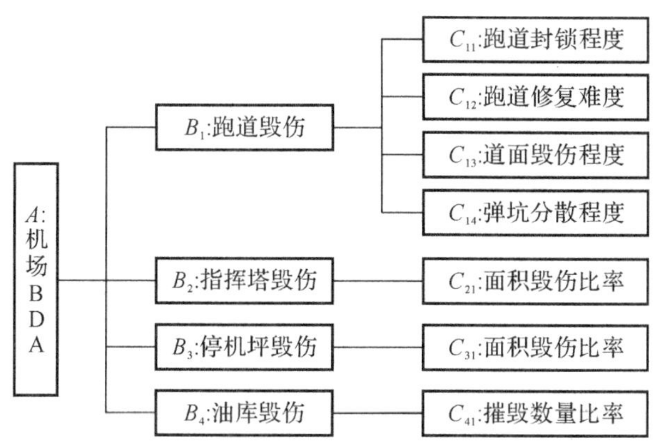

图 11.8　机场打击效果评估指标体系

飞机的起降需要一定长度和宽度的起降带（Minimum Operating Strip，MOS）。若跑道遭受打击后没有一个完整的 MOS，则表示道跑遭到封锁。跑道封锁程度是用完好跑道的最大长度与 MOS 长度的比值来度量。当比值小于 1 时，表明跑道遭到封锁，且比值越小封锁程度越高。

跑道遭到封锁时，恢复跑道起降功能的难易程度不同。这里用修复到飞机能够起飞的最小修复面积和 MOS 面积之比作为指标值来度量跑道修复难度。

飞机跑道的道面毁伤面积反映了飞机跑道的物理毁伤情况。这里用道面毁伤面积与跑道总面积的比值作为指标值来度量道面毁伤程度。

毁伤面积相当时，弹坑愈分散，功能毁伤愈严重，修复起来愈困难。这里使用弹坑离散度作为指标值来度量弹坑分散程度。

指挥塔和停机坪的毁伤采用毁伤面积与整体面积的比值作为指标值进行评估。由于油库是易燃、易爆目标，具有数量多、布局分散的特点，因此对油库的评估主要从毁伤数量考虑。

3. 评估模型

机场的毁伤程度总是被评估为若干个级别，设定评价集为

$$V=\{v_1,v_2,v_3,v_4,v_5\}$$

式中：v_1 为未毁伤；v_2 为轻微毁伤；v_3 为中等毁伤；v_4 为严重毁伤；v_5 为完全

毁伤。

在机场 BDA 指标体系中，各指标的指标值是一个具体的数值，数值到评价等级之间是一个模糊的对应关系，因此，需要采取模糊综合评估的评估模型和方法进行机场打击效果的评估。

设某同级评估指标的权重系数为 $\boldsymbol{W}=[w_1 \quad w_2 \quad \cdots \quad w_m]$，模糊评估矩阵为 $\boldsymbol{R}=(r_{ij})_{m\times k}$，其中，$r_{ij}$ 表示第 i 个指标的指标值评估为第 j 个等级的隶属度，则得到如下的评估结果：

$$\boldsymbol{B}=\boldsymbol{W}\circ\boldsymbol{R}=[b_1 \quad b_2 \quad \cdots \quad b_k]^{\mathrm{T}} \tag{11.12}$$

式中：m 表示评估指标的个数；k 表示评价等级个数；“$\circ$”代表某种模糊运算算子。

按照一定的规则对 $\boldsymbol{B}$ 进行分析，确定出评估等级。这里采用 $\boldsymbol{B}=\boldsymbol{W}\times\boldsymbol{R}$ 的运算法则，得到评估结果，并根据最大隶属度原则确定毁伤等级。

指标值隶属于某个毁伤等级的程度称为隶属度，如何确定隶属度是评估的关键之一。此处使用三角模糊隶属函数：

$$\mu(x)=\begin{cases}\dfrac{x-x_0}{x_1-x_0}, & x_0\leqslant x<x_1\\ \dfrac{x_2-x}{x_2-x_1}, & x_1\leqslant x\leqslant x_2\\ 0, & x<x_0, x>x_2\end{cases} \tag{11.13}$$

运用层次分析法（AHP 法）在确定指标权重时，存在着诸如指标过于精细，判断矩阵难以满足一致性，检验一致性比较困难等缺点。使用基于模糊一致性矩阵的模糊层次分析法方法（FAHP 法），能有效弥补 AHP 法的上述缺点。

使用基于模糊一致矩阵的 FAHP 法确定指标权重分以下 3 步。

首先，通过两两比较指标间的重要程度构造模糊互补矩阵 $\boldsymbol{F}=(f_{ij})_{m\times m}$。其中：$0\leqslant f_{ij}<0.5$ 表示指标 j 比指标 i 重要，值越小指标 j 越重要；$f_{ij}=0.5$ 表示两个指标同等重要；$0.5<f_{ij}\leqslant 1$ 表示指标 i 比指标 j 重要，值越大表示指标 i 越重要。

其次，将模糊互补矩阵 $\boldsymbol{F}$ 转换为模糊一致矩阵 $\boldsymbol{Q}=(q_{ij})_{m\times m}$，其中，$q_{ij}$ 为

$$q_{ij}=\frac{f_i-f_j}{2n}+0.5 \tag{11.14}$$

式中：$f_i=\sum\limits_{k=1}^{m}f_{ik}\,(i=1,2,\cdots,m)$。

最后，得出符合模糊性的指标权重为

$$\boldsymbol{W}=[w_1 \quad w_2 \quad \cdots \quad w_m]^{\mathrm{T}}=\left(\frac{\sum_{j=1}^{m} q_{1j}}{\sum_{i=1}^{m}\sum_{j=1}^{m} q_{ij}} \quad \frac{\sum_{j=1}^{m} q_{2j}}{\sum_{i=1}^{m}\sum_{j=1}^{m} q_{ij}} \quad \cdots \quad \frac{\sum_{j=1}^{m} q_{mj}}{\sum_{i=1}^{m}\sum_{j=1}^{m} q_{ij}}\right)^{\mathrm{T}} \tag{11.15}$$

得到了指标权重向量和模糊评估矩阵以后，便可按照下式：

$$\boldsymbol{B}=\boldsymbol{W}\times\boldsymbol{R}=[b_1 \quad b_2 \quad \cdots \quad b_k] \tag{11.16}$$

计算模糊综合评估结果。对其进行归一化处理，按照最大隶属度原则

$$\bar{b}_j=\max(\bar{b}_1,\bar{b}_2,\cdots,\bar{b}_k) \tag{11.17}$$

确定出目标的毁伤等级为第 j 级。

11.3.2　机场目标毁伤程度的评估

1. 确定指标权重

由式(11.16)知，进行模糊综合评估时，需要确定指标体系中反映各指标重要程度的权重。这里使用基于模糊一致矩阵的 FAHP 法确定各指标权重。

首先，确定评估跑道毁伤情况的二级指标 C_{11}、C_{12}、C_{13} 和 C_{14} 的权重。通过比较两两指标间的重要程度，构造模糊互补矩阵 $\boldsymbol{F}_1=(f_{ij})_{4\times4}$(见表 11.2)。

表 11.2　跑道毁伤二级指标的模糊互补矩阵

$\boldsymbol{F}_1$	C_{11}	C_{12}	C_{13}	C_{14}
C_{11}	0.50	0.80	0.75	0.90
C_{12}	0.20	0.50	0.40	0.65
C_{13}	0.25	0.60	0.50	0.75
C_{14}	0.10	0.35	0.25	0.50

按照式(11.14) 将模糊互补矩阵 $\boldsymbol{F}_1$ 转换为模糊一致矩阵 $\boldsymbol{Q}_1=(q_{ij})_{4\times4}$。即

$$\boldsymbol{Q}_1=\begin{bmatrix} 0.5 & 0.65 & 0.61 & 0.72 \\ 0.35 & 0.5 & 0.46 & 0.57 \\ 0.39 & 0.54 & 0.5 & 0.61 \\ 0.28 & 0.43 & 0.39 & 0.5 \end{bmatrix}$$

按照式(11.15)，得出跑道各指标权重向量 $\boldsymbol{W}_1=[0.31 \quad 0.24 \quad 0.25 \quad 0.20]$。

其次，确定评估机场毁伤情况的一级指标 B_1、B_2、B_3、B_4 的权重。通过比较指标间的重要程度，构造模糊互补矩阵 $\boldsymbol{F}$，见表 11.3。

表 11.3 机场一级指标的模糊互补矩阵

F	B_1	B_2	B_3	B_4
B_1	0.50	0.85	0.90	0.88
B_2	0.15	0.50	0.55	0.52
B_3	0.10	0.45	0.50	0.48
B_4	0.12	0.48	0.52	0.50

类似地，按照 FAHP 法，求得一级指标的权重向量 $\boldsymbol{W}=[0.32\quad 0.23\quad 0.22\quad 0.23]$。

2. 跑道的毁伤效果评估

不同类型的飞机由于性能的不同，需要不同的 MOS 来满足正常的飞机起降。飞机的起降模式通常有两种，如图 11.9 所示。因跑道的长度不会远大于起飞宽度，故计算时仅考虑平行于跑道的 MOS。

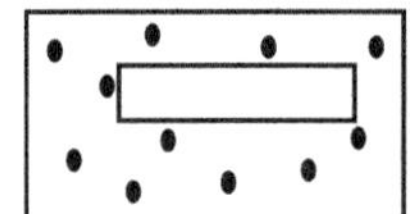

图 11.9 飞机的两种起降模式

(1)搜索 MOS 的策略

目前，搜索 MOS 的策略基本上都是将跑道的二值化矩阵和构建的列向量做“与”运算。根据扩展列向量的维数确定是否满足 MOS 条件，不满足时将运算的起点遍历到跑道的下一个点，该方法需要进行大量运算。此外，改进了搜索 MOS 的算法，优化了运算效率。另外，当存在 MOS 时，找出满足飞机起降宽度条件下完好跑道的最长距离 L_{max}，即打击后跑道的有效长度。

计算步骤如下文所述。如图 11.10 所示，以影像左上角点为坐标原点，向下为 x 轴正方向，向右为 y 轴正方向，建立以像素为单位的右手坐标系。设 MOS 起点为 $P(i,j)$，并将其初始化到坐标原点，跑道长 L 像素、宽 W 像素，MOS 长 M_L 像素、宽 M_W 像素，将打击后跑道的有效长度 L_{max} 初始化为 0，设变量 b_{min} 用于记录距离。当前 MOS 起点最近的弹坑点 y 坐标，将 b_{min} 初始化为 L。

1)对图像进行二值化处理。采用基于灰度差值的变化检测方法，将差值大于设定阈值的像素点设置为“0”，其他设置为“1”，得到跑道的二值化矩阵，并存到二维数组 Array$[W,L]$中。

2)起点为 $P(i,j)$ 时，判断是否存在 MOS。逐列逐个判断以 $P(i,j)$ 为起点，MOS 区域所对应的 Array$[a,b]$的值。当 Array$[a,b]=0$ 时，令起点 $P(i,j)=$

$P(a+1,j)$，比较当前 b_{min} 与 b 的大小以刷新 b_{min} 的值，即 $b_{min}=\min\{b_{min},b\}$，并跳到第 4）步；若遍历整个区域内 Array[a,b]的值均为“1”，则存在 MOS，并进行下一步计算。

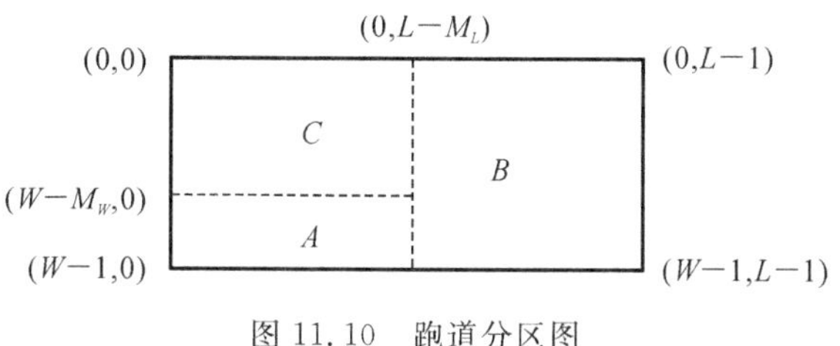

图 11.10　跑道分区图

3）存在 MOS 时，计算打击后跑道的有效长度 L_{max}。逐列逐个判断 MOS 正后方所对应二值化数组的值，直到 Array[a,b]= 0，得到打击后跑道的有效长度：$L_r=d(b-j)$，其中，d 为单个像素所对应的实际长度。当 $L_r>L_{max}$ 时，更新打击后跑道的有效长度 $L_{max}=L_r$，记录 $P(i,j)$ 和 L_{max}，将起点设置到下一行，即 $P(i,j)=P(i+1,j)$，进行下一步判断。

4）判断起点区域，决定是否终止搜索。若 $P(i,j)$ 位于图 11.10 的 A 区域，令 $P(i,j)=P(0,\ b_{min}+1)$，并将 b_{min} 再次初始化到 L；若 $P(i,j)$ 位于 B 区域，停止搜索；若 $P(i,j)$ 位于 C 区域，跳到步骤 2）。

上述搜索策略具有以下优点：考虑跑道内弹着点位置，并划定 MOS 起点区域，与传统的遍历全部位置相比减少大量冗余计算；避免了构建列向量和扩展列向量的烦琐过程，只简单地判断二值化矩阵的值，过程方便且效率更高；当存在 MOS 时，能计算出打击后跑道的有效长度。

（2）跑道毁伤评估方法及仿真实验

使用模糊综合评估法对跑道进行打击效果评估还需要根据各指标隶属于评价集的隶属度，构建模糊评估矩阵。此处，使用三角模糊函数确定隶属度。综合考虑跑道性能，给出 C_{11}、C_{12}、C_{13} 和 C_{14} 评价为 v_1、v_2、v_3、v_4 和 v_5 的隶属函数，其函数示意图分别如图 11.11～图 11.14 所示。

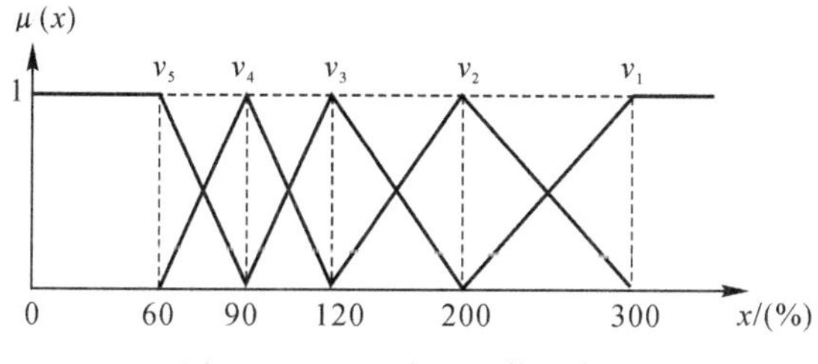

图 11.11　C_{11} 隶属函数示意图

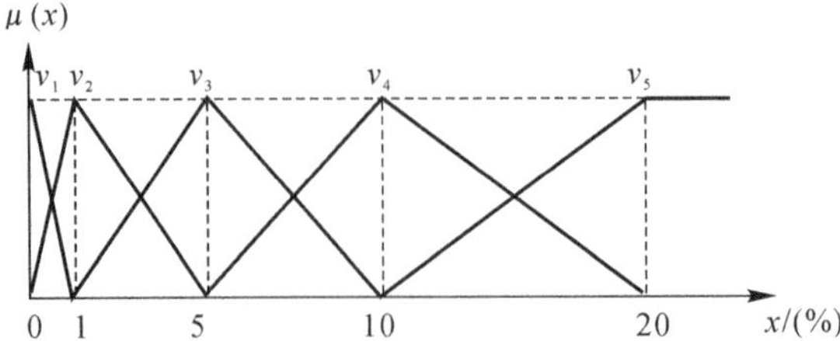

图 11.12 C_{12}隶属函数示意图

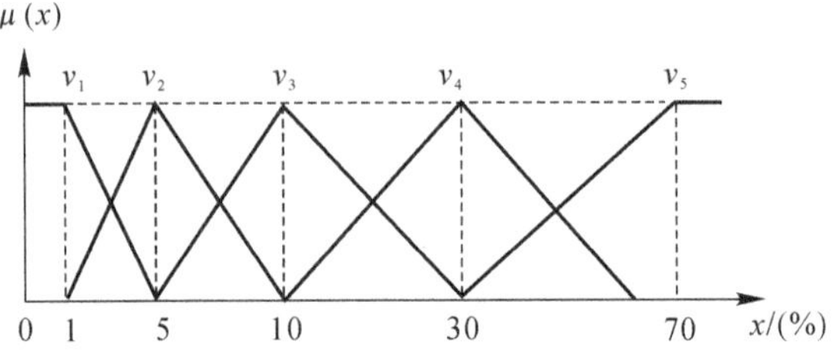

图 11.13 C_{13}隶属函数示意图

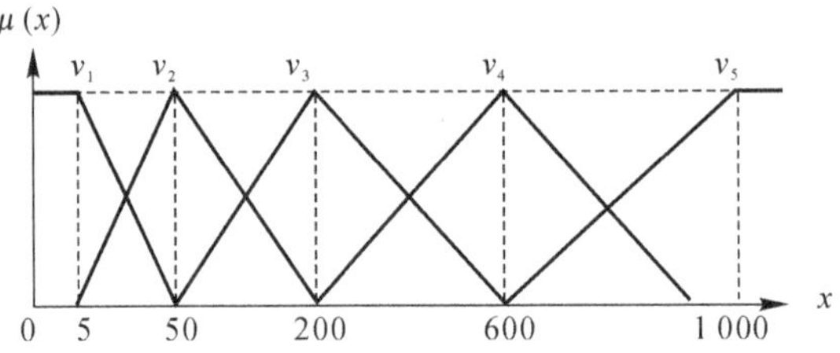

图 11.14 C_{14}隶属函数示意图

以某机场跑道为例，设跑道打击前、后图像如图 11.15 所示。

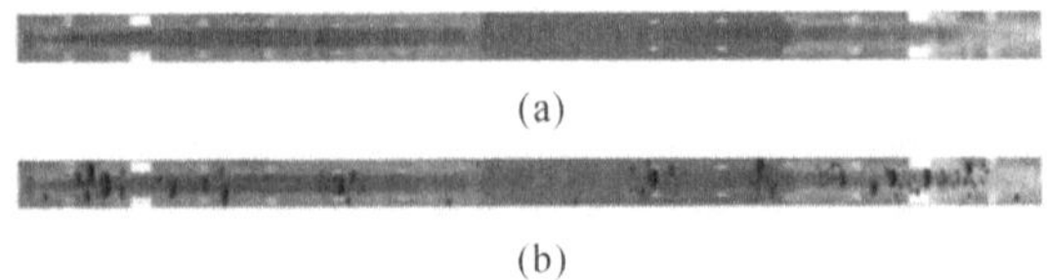

图 11.15 跑道打击前和打击后图像

通过 C# 编程实现对打击前、后跑道影像的分析，得出的数据列于表 11.4。

表 11.4　跑道各指标分析结果

指标	指标值
C_{11}	109.9%
C_{12}	0.0%
C_{13}	7.1%
C_{14}	500.0

根据各指标的隶属函数，求出隶属于评价集的隶属度，并进行归一化处理，得出跑道毁伤情况的模糊评估矩阵：

$$\boldsymbol{R}_1 = \begin{bmatrix} 0 & 0 & 0.66 & 0.34 & 0 \\ 1 & 0 & 0 & 0 & 0 \\ 0 & 0.58 & 0.42 & 0 & 0 \\ 0 & 0 & 0.25 & 0.75 & 0 \end{bmatrix}$$

跑道毁伤的模糊综合评估结果为

$$\boldsymbol{B}_1 = \boldsymbol{W}_1 \times \boldsymbol{R}_1$$

对 $\boldsymbol{B}_1$ 进行归一化处理得

$$\boldsymbol{R}_1 = [0.24 \quad 0.14 \quad 0.36 \quad 0.26 \quad 0]$$

按照最大隶属度原则，跑道的毁伤等级为中等毁伤。

3. 其他设施的毁伤效果评估

目前，关于机场目标的毁伤效果评估，绝大部分都只关注跑道的功能毁伤情况，很少有对机场其他设施的评估。然而，飞机的起降除了依赖跑道外，还需要指挥塔、停机坪、油库等地面设施的保障。

考虑机场设施性能，给出 C_{21}、C_{31} 和 C_{41} 评价为 v_1、v_2、v_3、v_4 和 v_5 的隶属函数，其函数示意图分别如图 11.16 ～ 图 11.18 所示。

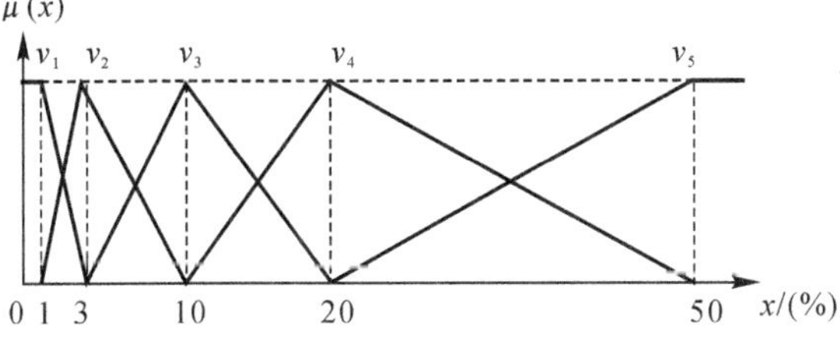

图 11.16　C_{21} 隶属函数示意图

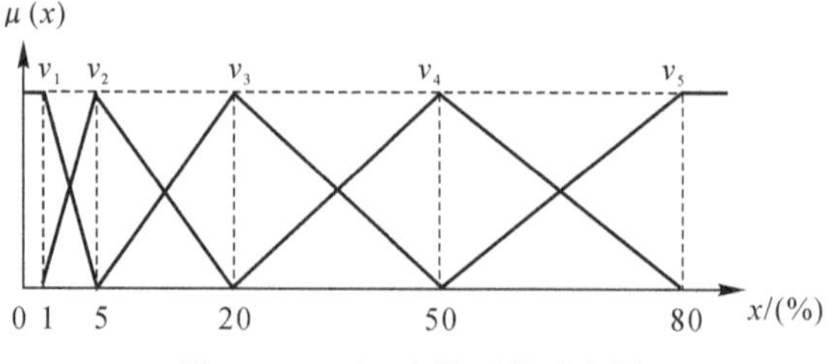

图 11.17　C_{31} 隶属函数示意图

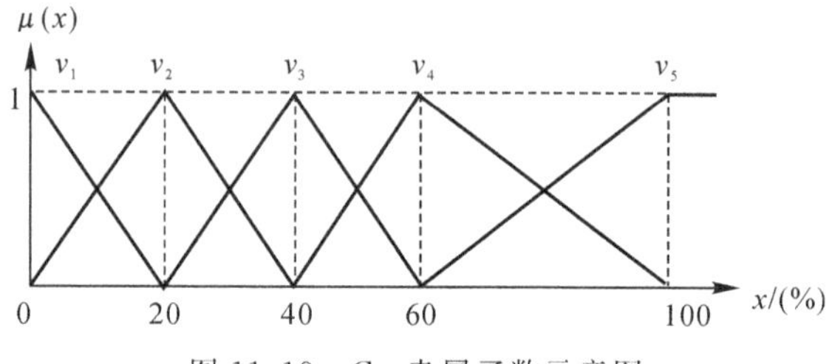

图 11.18　C_{41} 隶属函数示意图

以同一机场的其他设施为例进行仿真实验。设施打击前、后图像如图 11.19所示。规定当油库面积毁伤超过 20%时，认为油库报废，已知该机场共有 6 个布局分散的油库，图中展示了其中一个油库的仿真图像。

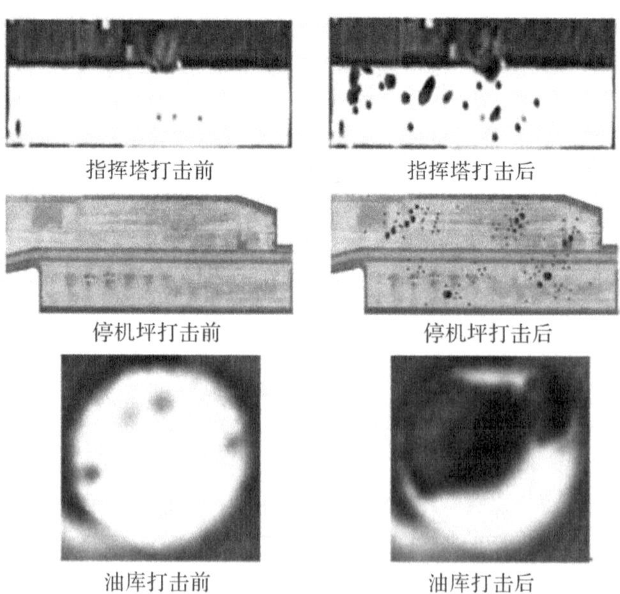

图 11.19　机场其他设施打击前、后图像

经过程序计算得到：指挥塔面积毁伤比率为 7.3%；停机坪面积毁伤比率为 3.4%；该油库面积毁伤比率超过 20%，认为此油库遭到摧毁。同理，计算出 6 个油库中共摧毁了 3 个，数量毁伤比率为 50%。使用与跑道毁伤程度评估相同的方法分别得到指挥塔、停机坪和油库的模糊评估结果集，并分别记为 $\bar{\boldsymbol{B}}_2$、$\bar{\boldsymbol{B}}_3$ 和 $\bar{\boldsymbol{B}}_4$，则

$$\bar{\boldsymbol{B}}_2 = [0.00 \quad 0.39 \quad 0.61 \quad 0.00 \quad 0.00]$$

$$\bar{\boldsymbol{B}}_3 = [0.40 \quad 0.60 \quad 0.00 \quad 0.00 \quad 0.00]$$

$$\bar{\boldsymbol{B}}_4 = [0.00 \quad 0.00 \quad 0.50 \quad 0.50 \quad 0.00]$$

按照最大隶属度原则，并规定隶属度一样时按最高毁伤等级评估。得到评估结果：指挥塔为中等毁伤；停机坪为轻微毁伤；油库为严重毁伤。

4. 机场目标的系统毁伤评估

考虑机场作为一个整体系统进行毁伤情况评估时，则需要四个子设施的毁伤评估集成为一个综合评估。具体如下：

$$\boldsymbol{R} = [\bar{\boldsymbol{B}}_1 \quad \bar{\boldsymbol{B}}_2 \quad \bar{\boldsymbol{B}}_3 \quad \bar{\boldsymbol{B}}_4]^{\mathrm{T}} = \begin{bmatrix} 0.24 & 0.14 & 0.36 & 0.26 \\ 0 & 0.39 & 0.61 & 0 \\ 0.4 & 0.6 & 0 & 0 \\ 0 & 0 & 0.5 & 0.5 \end{bmatrix}$$

$$\boldsymbol{B} = \boldsymbol{W} \times \boldsymbol{R} = [0.164\,8 \quad 0.266\,5 \quad 0.370\,5 \quad 0.198\,2 \quad 0]$$

对 $\boldsymbol{B}$ 进行归一化处理，得

$$\bar{\boldsymbol{B}} = [0.16 \quad 0.27 \quad 0.37 \quad 0.2 \quad 0]$$

按照最大隶属度原则，结果显示该机场目标的系统毁伤等级为中等毁伤。

本节按照机场目标的核心功能设施划分确定出一级评估指标，在一级指标的基础上建立二级评估指标，通过模糊综合评估得出各设施的毁伤程度评估结果。其中，重点研究了跑道的打击效果评估，从物理毁伤、功能毁伤以及恢复难易程度等多角度对其进行评估；优化了搜索 MOS 的算法。通过仿真实验得出了机场设施的毁伤等级，以及机场系统的毁伤等级。评估结果和实际毁伤情况吻合，论证了该指标体系和评估模型的可行性。另外，根据不同目标特性建立适合的评估指标体系，便能将该评估模型广泛应用到其他目标的毁伤评估中。

11.4 本章小结

本章首先介绍了基于打击后机场目标遥感图像的弹坑检测方法，这种方法主要是在高分辨率遥感图像（1 m 左右）或航拍图像上进行，比较适合在这种图像下进行精确的弹坑识别，从而比较准确、快速地找出真正的毁伤信息——弹

坑,为最后的毁伤评估和决策奠定基础,但是这一方法要求有较高的侦察手段,能获取战略区高分辨率的目标毁伤图像。在弹坑检测的基础上,运用模糊系统理论,给出了机场目标毁伤程度的模糊分析评判方法。两种方法相结合,就能够实现基于遥感图像信息的机场目标毁伤效果评估。

参考文献

[1] 李玲玲，王洪群，娄联堂，等. 平移不变性图像融合及在毁伤效果评估中的应用[J]. 华中科技大学学报(自然科学版)，2006，34(7)：67－70.

[2] 李晓明，郑链，杨春兰. 相似变换下的模板图像自动匹配技术[J]. 计算机工程与应用，2006，29：59－61.

[3] 巩建兴，马宝华，刘小玲. 目标易损性的概念空间分析[J]. 北京理工大学学报，1994，14(4)：365－370.

[4] 何友，王国宏，彭应宁，等. 多传感器信息融合及应用[M]. 北京：电子工业出版社，2000.

[5] 王海福，卢湘江，冯顺山. 降阶态易损性分析方法及其实施[J]. 北京理工大学学报，2002，22(2)：214－216.

[6] 潘震中. 多传感器决策融合[J]. 无线电通信技术，2004(2)：160－162.

[7] 陈旭光. 卫星遥感图像中机场区域的识别方法研究[D]. 南京：南京理工大学，2005.

[8] 席大春. 基于图像理解的桥梁毁伤效果评估研究[D]. 武汉：华中科技大学，2004.

[9] 周芳，韩立岩. 多传感器信息融合技术综述[J]. 遥测遥控，2006，27(3)：1－7.

[10] 肖斌. 多传感器信息融合及其在工业中的应用[D]. 太原：太原理工大学，2008.

[11] 赵小川，罗庆生，韩宝玲. 机器人多传感器信息融合研究综述[J]. 传感器与微系统，2008，27(8)：1－4.

[12] SOMMER K D, KUEHN O, LEON F P, et al. A Bayesian Approach to Information Fusion for Evaluating the Measurement Uncertainty [J]. Robotics and Autonomous Systems, 2009, 57(1): 339－344.

[13] 高立平，黄海宁，徐德民. 极大似然估计的信息融合方法及其在水下航行器制导中的应用[J]. 西北工业大学学报，1999，17(2)：306－310.

[14] 王欣. 多传感器数据融合问题的研究[D]. 长春：吉林大学，2006.

[15] 高青. 多传感器数据融合算法研究[D]. 西安：西安电子科技大学，2008.

[16] 赵蕊,贺建军. 多传感器融合技术[J]. 计算机测量与控制,2007,15(9):1124-1126.

[17] RAY K S, GHOSHAL. Neuro-Fuzzy Reasoning for Occluded Object Recognition [J]. Fuzzy Sets and Systems, 1998, 94(1): 1-28.

[18] FARZIN M. Silhouette-Based Occluded Object Recognition through Curvature Scale Space [J]. Machine Vision and Applications, 1997 (10): 87-97.

[19] YING Z R, DAVID C. Partially Occluded Object Recognition Using Statistical Models [J]. International Journal of Computer Vision, 2002, 49(1): 57-78.

[21] BAY K H D. A New Bayesian Framework for Object Recognition [J]. IEEE Computer Vision and Pattern Recognition, 1999(2): 517-523.

[21] CHING P C, CHEN E L, WU J B. A Spatiotem Poral Neural Network for Recognition Partially Occluded Objects [J]. IEEE Trans on Signal Processing, 1998, 46(7): 1991-2000.

[22] 王润生. 图像理解[M]. 长沙:国防科技大学出版社,1995.

[23] 付伟. 高技术战争中的航天、航空侦察与反侦察[J]. 现代防御技术,2000,8(4):22-28.

[24] 陈万强, 邹振宁. 美军侦察能力评析[J]. 飞航导弹, 2004(4):6-11.

[25] 李玲玲,王洪群,联堂,等. 平移不变性图像融合及毁伤效果评估中的应用[J]. 华中科技大学学报(自然科学版),2006,34(7):67-70.

[26] 汪民乐,李景文. 机动导弹武器系统生存能力的综合评判[J]. 系统工程与电子技术,1995(9):26-30.

[27] 隋树元,王树山. 终点效应学[M]. 北京:国防工业出版社,2000.

[28] 刘卫光. 图像信息融合与识别[M]. 北京:电子工业出版社,2008.

[29] 雷厉. 侦察与监视[M]. 北京:国防工业出版社,2008.

[30] 钟珞,饶文碧,邹承明. 人工神经网络及其融合应用技术[M]. 北京:科学出版社,2007.

[31] 袁辉, 黄亚新, 王建平. 钢筋混凝土桥跨主梁战时毁伤模式初探[J]. 解放军理工大学学报(自然科学版),2004,5(1):64-67.

[32] NEVATIA R, BABU K R. Linear Feature Extraction and Description [J]. Computer Graphics and Image Processing, 1980, 13(3): 257-269.